やさしくわかる!

文系のための
東大の先生が教える
単位と法則

監修 佐々木真人
東京大学准教授

はじめに

　「自然とは」「宇宙とは」という世界観を構築することと社会の基盤を支えることは，科学の両側面といえます。「単位」は科学の「言語」です。そして解き明かした自然や宇宙の真理は「法則」として記述される「書物」にたとえられるかもしれません。**共通の「言語」がないと「書物」の内容はほかの人に伝えられません。「法則」が発見され確立して自然や宇宙の「書物」がないと，その要素となる「言語」も磨かれません。**

　人の腕の長さや心周期などから社会の道具となった「単位」も，実証科学が多くの「法則」を書き残したおかげで，普遍的で正確な国際単位系（SI）へと進化し，社会の発展を支えてきました。一方で自然や宇宙の成り立ちをより深く理解しようと，たとえば素粒子の研究では，人間や地球の事物に依らず物理定数を固定して構築する「自然単位系」も使われています。

　2019年から新SI単位系が実施されています。新SI単位系では，長年使われてきたキログラム原器が廃止され，かわりにプランク定数の数値の固定により，質量の単位「キログラム」の大きさが定められるようになりました。これにより基本単位の大きさが，自然認識の最先端で用いる自然単位系と同様に，ついにすべて物理定数の数値の定義値化によって定まるようになりました。このように，**「単位と法則」は，社会制度と世界観の両方で活躍し，しっかりと支えています。**

　この本で，絶妙な協奏曲のように相互に影響し合いながら発展してきた「単位と法則」を語りながら，皆さんと一緒に楽しんでいきたいと思います。

監修
東京大学宇宙線研究所准教授
佐々木 真人

目次

1時間目 単位と法則とは何か

STEP 1
単位と法則は世界を知るための必需品

- 単位がないとはじまらない！..14
- 法則と原理は自然界のルール 20
- 単位にも種類がある 23
- 単位は"量"をはかることからはじまった！..27
- 古代エジプトの"長さ"は身体が基準だった！..30
- 世界共通の単位が生まれた 34
- 七つの国際単位が決められた 38
- 単位の組み合わせ「組立単位」と「接頭語」..42
- チョウの単位は1頭!? いろいろな「助数詞」..46

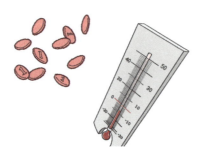

目次

2時間目 世界をはかる！単位

STEP 1
基本となる七つの単位

長さの単位	1メートルは，光が真空中を進む距離が基準！ 52
質量の単位	1キログラムは，光のエネルギーが基準！ 58
時間の単位	1秒は，セシウム原子が震える時間が基準 68
電気の単位	1アンペアは，1秒間に電子が流れる量 74
温度の単位	1ケルビンは，分子1個の温度の変化 80
物質量の単位	1モルは，粒子 $6.02214076 \times 10^{23}$ 個分！ 85
明るさの単位	1カンデラは，緑色の光が基準！？ 90

STEP 2
基本単位が合体！ 組立単位

周波数の単位 1ヘルツは1秒間の波の数 96
力の単位 1ニュートンは，物体を加速させる力 102
圧力の単位 1パスカルは，1平方メートルにかかる力の大きさ 106
エネルギーの単位 1ジュールは物体を押し動かすエネルギー 108
仕事率の単位 1ワットは，1秒間の仕事の量 112
電圧の単位 1ボルトは，電流が流れる"坂道"の高低差 115
電気抵抗の単位 1オームは，電流の流れにくさ 118
磁束の単位 1ウェーバは，磁力線の束の強さ 122
偉人伝① 物理学の基礎を確立，アイザック・ニュートン 126

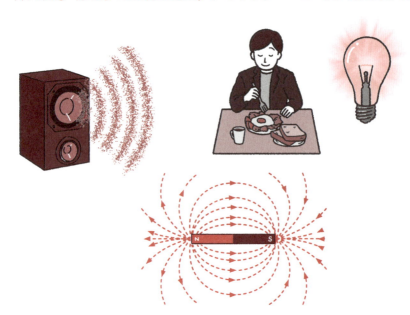

6

目次

STEP 3
ちょっと変わった単位

地震にも単位がある!「震度」と「マグニチュード」..................128
「情報の量」はどれくらい?「ビット」と「バイト」......................135
ダイヤは永遠の輝き!?「カラット」...142
"天文学的"な宇宙の単位 「天文単位」「光年」「パーセク」........145

3時間目 「原理」と「法則」で世界を知ろう！

STEP 1
「運動」と「波」の法則

落体の法則 羽毛と鉛，どちらが先に落下する？............................ 154
慣性の法則 ずっと同じスピードで進み続ける 161
運動方程式 加速度は力に比例し，質量に反比例する 168
作用・反作用の法則 力をおよぼす側と受ける側は常に対等 172
アルキメデスの原理 浮力は，押しのけた水の量と同じ 177
運動量保存の法則 物体の運動量の合計は変わらない！..................... 181
角運動量保存の法則 回転中に縮むと回転速度が上がる！................... 187
波の反射と屈折の法則 波の反射と屈折の方向は決まっている 191
アボガドロの法則 温度と圧力が一定なら，気体分子の数も一定 196
ボイル・シャルルの法則 圧力が変わったら体積と温度はどうなる？........ 200
偉人伝② 近代科学の父，ガリレオ・ガリレイ 206

目次

STEP 2
「電気」と「磁気」の法則

クーロンの法則 下敷きで髪の毛が逆立つワケ 208

オームの法則 電流を大きくしたいときはどうする? 216

ジュールの法則 発熱量を大きくしたいときはどうする? 220

アンペールの法則 磁場は電流が大きいほど強くなる 224

フレミングの左手の法則 「電流」「磁場」「力」の向きは直角! 231

電磁誘導の法則 電流は磁気を生み,磁気は電流を生む！................. 238

STEP 3
壮大なる宇宙の法則

エネルギー保存の法則 エネルギーの総量は同じ 242

エントロピー増大の法則 あらゆるものは均一になる 248

万有引力の法則 あらゆる物体は引きつけ合う 252

ケプラーの法則 惑星の軌道は，楕円である！ 257

相対性原理 地球がまわっていても，球はまっすぐ落ちる 262

光速度不変の原理 光の速度は常に変わらない 268

等価原理 落下する箱の中では重力が消える！ 276

質量とエネルギーの等価性 世界で最も有名な式「$E=mc^2$」................ 281

アインシュタイン方程式 太陽は時空を曲げている！ 285

ハッブル-ルメートルの法則 遠くの銀河ほど速く遠ざかっている 297

目次

とうじょうじんぶつ

佐々木真人先生
東京大学で素粒子物理学を
教えている先生。

文系会社員（27歳）
理系分野を学び直そうと奮闘している。

1 時間目

単位と法則とは何か

STEP 1

単位と法則は世界を知るための必需品

長さや重さ，密度など，物には単位が定められています。そして，この自然界にはさまざまな法則があります。単位と法則はいつ誕生し，どのような意味をもつのでしょうか？

単位がないとはじまらない！

はぁ〜……やっちまいました。

おや，落ち込んでいますね。どうしたんですか？

発注書をつくったんです。ある部品が**120個**必要だったんですけど，**120ロット**になっちゃったんですよ。先方から「とんでもない数量になるが大丈夫か」という確認の連絡がきて，ギリギリ発注はストップできたんですが，上司からえらく怒られまして。

それは危なかったですね。どうしてそんなことになったんでしょう？

ふつうに数字だけ打ち込めば，自然に個って出るはずなんですけど，単純に単位の入力をまちがえたんだと思うんです。

凡ミスですか。でもまあ，そういうこともありますよ。

上司が「急ぎで！」なんて言うから……（ブツブツ）。あわててよくチェックをしなかった自分も悪いんですけど。まあ，うちの会社のソフトも古いんですよ。ロットのはずないのに！　そもそも「個数」とか「ロット数」とか，ややこしいんですよ。

ハハハ！　単位に八つ当たりしないでくださいよ。でも実際，単位にはたくさんの種類があることは確かですよね。たとえば，「棒が1」といわれたらどうでしょう。

「1」？　うーん，棒だから，1キロメートルってことはないですね。**1メートル**？　いや，「1本」か。

いやいや**1束**かもしれないですよ。あるいは木材なら**1丁**とか，鉄骨なら**1トン**とか。あるいは**1箱**かもしれないし，**1立方センチメートル**かもしれません。

いっぱいありますねえ。
なぜこんなにいろいろあるんですか!?
そもそも「単位」って，なぜあるんでしょうか？

15

そうですね。
まず「1」というのは，数としてははっきりしています。でも，それがどれぐらいのものなのかをあらわすには不完全なんですね。
数は，「単位」をつけてはじめて，意味のはっきりした「量」になるのです。

「数」から「量」になる？

そうです。**単位とは，「物をはかったり比べたりするときに基準となる量」のことなのです。**
単位がないと，物をはかったり，比べたりすることも満足にできないのです。

言われてみれば，単位がないと，「これぐらいの長さ」とか「これぐらいの重さ」とか，ざっくりした比較しかできなくなりますね。

> **ポイント！**
>
> 単位＝物をはかったり比べたりするときに基準となる「量」のこと。単位を共通にすることで，物事の量や様子をほかの人と共有できる。

そうです。1メートルの棒くらいなら手に取って見ることができますし、相手に見せることもできます。しかし、明るさや時間、温度といった目に見えないものの場合、感覚的にしかとらえることができませんよね。

すごく困りますね！ 「ちょっと曇った日の昼間くらいの明るさの電球をください」とか言われても、わけがわかりませんよね。

そうでしょう。そこで、世界共通の、誰にでも通じる単位があれば便利であることはまちがいありません。**私たちは単位を使うことではじめて、長さや重さを正確にあらわすことができ、さらにほかの人と共有することができるのです。**

確かに……。

また、面積や深さ、距離はどうでしょう。たとえば速度は？ 時間も距離も明確でなければ、速度もわかりませんよね。指定された時間に目的地点に到着するには、どれぐらいの速度で進めばよいのか？ など、単位がないと考えようがありません。

また、地球の面積は？ 海の広さや深さは？ 地球から月までの距離は？ などなど、**単位は、科学の世界で物を考えるときに最も基本となる、重要なものなんです。**

なるほど！ 身のまわりのことだけではなく、"世界"、ひいては"宇宙の謎"を解くためにも、単位はなくてはならないものなんですね！

1時間目　単位と法則とは何か

17

わたしたちの身のまわりにある、
いろいろな単位

1時間目 単位と法則とは何か

法則と原理は自然界のルール

さて,今説明した単位と同じく,科学の世界で重要とされているものが,もう一つあります。それが**法則**と**原理**です。

法則と原理って,学校でいろいろ習いました。ほとんど忘れてしまいましたけども……。

たとえば中学校で習う法則には,「オームの法則」があります。
また,法則と関係が深いものが原理です。「てこの原理」など,覚えていませんか?

ああ,覚えています!
てこの原理は,日常生活でも,重いものを持ち上げるときなんかに応用していますね。それから,栓抜きもてこの原理ですよね。

その通りです。
法則や原理は,大ざっぱにいうと,**自然界のルール**のようなものなんです。
法則や原理を使うことで,自然界でおきるさまざまな現象を説明したり,予測したりすることができるのです。

なるほど……。
先生,ちなみに法則と原理って,どこがちがうんですか?

実は，法則と原理には，はっきりとした区別があるわけではありません。
法則は，「いくつかの量のあいだに成り立つ関係式」を指すことが多いです。しかし，原理も，しばしば関係式としてあらわすことができます。
一方，**原理は，「多くの現象に共通して適用できる基本的な考え方」や「理論の前提となるもの」を指すことが多いです。**ですが，非常に基本的な考え方を法則とよぶこともあります。法則とよぶか原理とよぶかは，それらが最初に名づけられたときの見方や考え方にも影響されているようです。現代の物理学では，法則を導きだす基本的な考え方を原理とよぶようになってきています。

> **ポイント！**
>
> 法則＝いくつかの量のあいだに成り立つ関係式。
>
> 原理＝多くの現象に共通して適用できる基本的な考え方。理論の前提となるもの。
>
> 両者にはっきりとした区別があるわけではない。現代の物理学では，法則を導きだす基本的な考え方を原理とよぶようになってきている。

「法則」と「原理」は，境界はあいまいなんですね。
先生，単位や法則・原理って，おっちょこちょいな私がものを考えるうえで，何だか重要な気がします。
今回の失敗を機に，単位と法則について，あらためて教えていただけませんか。

いいですね！ 失敗は学びのチャンスですからね。
それではあらためて，単位と法則について，くわしくご説明しましょう。法則に対する理解が広く深くなれば，おのずと単位に対する考え方も進化します。単位と法則は密接に関係し，切っても切れない関係なんです。ものの考え方が，少し変わるかもしれませんよ。

そうなんですね。楽しみです。
よろしくお願いします！

単位にも種類がある

それでは、単位とはどのようなものなのか、単位はどのようにして誕生したのか、というところからお話をはじめましょう。

まず、単位にはさまざまな**種類**があります。たとえば、ここに一つの氷がありますが、この氷はさまざまな単位であらわすことができます。

氷ですか。どんな単位があるんでしょう？

まず氷の**重さ**です。そして**体積**、さらに氷の**表面積**、そして**温度**です。

つまり、単位は、「何をはかるか」によって、種類がことなってくるのです。

なるほど。さっきの棒みたいに、さまざまな単位で「量」をあらわすことで、対象となる物の性質をいろいろな角度からあらわすことができるわけなんですね。

何をはかるかで単位は変わる

一つの氷を示す単位は、重さや表面積など、何種類もある。

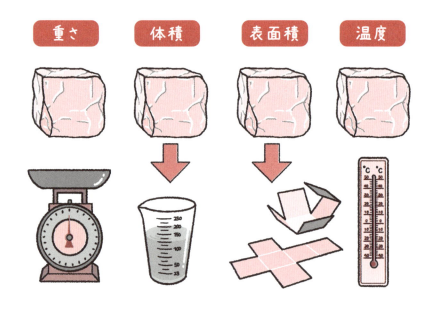

その通りです。また、単位そのものにも種類があります。たとえば日本の通貨は、1円玉が最小単位で、それ以上小さな量はありませんよね。このような、1円、2円、と数えることができて、それ以上分割できない最小量があるものを**分離量**といいます(「離散量」いうこともあります)。1個、2個とか、1人、2人などもそうです。つまり、正の整数で数えることができるもののことですね。

なるほど。

一方で，正の整数で数えることができないものは**連続量**といいます。液体の体積とか身長など，個数で表現することができないものです。

たとえば，生徒の数は1人，2人と数えられますが，それぞれの身長は計測しないとわかりませんよね。

分離量は数えることで得られますが，連続量は計測しなければ得ることができません。

ふむふむ，なるほど。

また，連続量のうち，合わせると足し算が成立するものを**外延量**，逆に合わせても足し算が成立しないものを**内包量**といいます。

合わせると足し算になるものと，ならないもの？
どういうことでしょう？

たとえば，氷のかたまりどうしをくっつけたとします。すると重さは単純に2個分になりますよね。表面積も増えます。

ふむふむ，そうですね。ということは，「重さ」や「面積」といった単位は外延量ということですか。

そうです。一方，密度は氷を2個くっつけても2個分にはなりません。また，温度も，2個をくっつけたからといって余計に冷たくなった！　なんてことにはなりませんよね。ですから「密度」や「温度」といった単位は，内包量ということになります。

足し合わせると重くなる！ とか広くなる！ とか、意味が発生する単位が外延量で、足し合わせたところで何？っていう単位が内包量ということですか。

そういうことですね。最初に、「単位」とは、何かをはかるための基準だとお話ししました。
そして、**何かを「はかる」とは、いろいろな種類の単位を使って、対象を「数える」ことなんですね。**

> **ポイント！**
>
> ## 単位にも種類がある！
>
> 分離量……正の整数で数えることができ、それ以上分割できない最小量があるもの。
>
> 連続量……正の整数で数えることができないもの。
>
> ・外延量：合わせると足し算が成立するもの。
> 　　　　例：重さ、長さ、時間など。
> ・内包量：合わせても足し算が成立しないもの。
> 　　　　例：温度、密度など。
>
>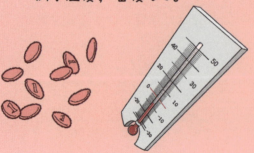

単位は"量"をはかることからはじまった！

これまで，何かをはかることの意味なんて，考えたこともありませんでした。「単位」って，奥が深いですね。私たちは，いつごろから「単位」を使うようになったんでしょうか？

それではここで少し，**単位の歴史**について見てみましょうか。
石器時代の遺跡などから，はじめは数を**線**で刻みつけてあらわしていたようです。そこから，文字の発明と同じように**数字**を使って数をあらわすことができるようになっていきました。

牛や馬などを1頭，2頭…と数えていけるようになっていったんですね。

はい。しかし，穀物などはそうはいきません。1粒ずつ数えるのはとても大変です。
そのため，**重さ**や**容積**などではかるようになったと考えられています。

なるほど。数えることから，はかるようになっていったわけなんですね。

そうです。
このような，はかるための道具のことを**度量衡機**といいます。**枡**や**定規**，**秤**などのことですね。

なるほど。ところで度量衡ってはじめて聞きます。どういう意味なんですか？

「度量衡」の「度」は長さ，「量」は体積，「衡」は質量を意味します。「度量衡」とは，それらを合わせてつくられた言葉で，長さ，面積，体積，質量などの単位や基準のほか，計量器について定めた慣習や制度のことをいうんですね。

度量衡って，広い意味をもっているんですね。

そうです。そして，文明の発達とともに，はかるための道具もどんどん開発されていきました。
天秤は紀元前から使われており，古代エジプトでは，紀元前3000年ごろの壁画にもえがかれているんですよ。

そんな昔ですか！

日本ではかつて度量衡法とよばれていましたが，長さや体積，重さ以外の量も含められることとなり，1951年に計量法と改められました。
国の中で度量衡を統一したのは，中国の初代皇帝である始皇帝（紀元前259〜前210）が最初だといわれています。始皇帝は枡や分銅などの度量衡機を全国に配布しました。

へええ～！　中国はそんなに早くから，はかり方を統一していたんですね。

28

ポイント！

度量衡……長さ，面積，体積，質量などの単位や基準，計量器について定めた慣習や制度のこと。

> 度 = 長さ
> 量 = 体積
> 衡 = 質量

はかるための道具

天秤（右のイラスト）のように，はかる対象と基準となるものを置き換えて測定する方法を「置換法（ちかんほう）」という。これに対して，定規などのように，連続した目盛りではかるものを「偏位法（へんいほう）」による測定という。

古代文明のゼロ記号と数字

私たちが算用数字として使っている記数法は，インドを起源とする。算用数字は，アラビア数字ともよぶが，これはインドで生まれた0（ゼロ）を含む記数法が，アラビア語を用いるイスラム文化圏をへてヨーロッパ全域に普及したからである。

紀元前後に書かれた天文パピルスの60進法位取り表記で使用

現代の数字（アラビア数字） / エジプトの数字 / ギリシャの数字 / メソポタミアの数字（60進法） / マヤの数字（20進法）

1時間目　単位と法則とは何か

古代エジプトの"長さ"は身体が基準だった！

先生，1センチはこれくらい，1キログラムはこれくらいって，最初にどのようにして決めたんでしょうねえ。
何か根拠というか，基準になるようなものがあったんでしょうか。

よいところに気がつきましたね。実は，最初の基準になる物差しは，私たちの**身体**なんです。

身体!?

はい。古代エジプトなどでは，長さの基準を決めるのに人間の身体を使っていたといわれています。
たとえば，古代エジプトの長さをあらわす単位として**キュービット**があります。これは，**「王のひじから中指の先端までの長さ」**でした。

なるほど，王様の身体を基準としたわけなんですね。確かに人民の基準となる人物といえば王様ですもんね。

とはいえ，その基準も王が代がわりするたびに，計測し直したといわれています。

王様がかわるたびに，微妙に長さが変わってたわけですか。それは面倒ですね！

同じく、手のひらを開いた親指から小指までの幅が**スパン**で、これはキュービットの約半分の長さにあたります。そして、親指以外の指の幅は「パルム」といいます。

スパンって、おおざっぱな幅をあらわすときに、今も使いますね。

そうですね。
今に残っているものはほかにもあります。パルムの4分の1の長さは**ディジット**といい、これは指1本分の幅を指します。このディジットは、コンピュータ用語の**デジタル**の語源なんですよ。

おお〜！
そこからきているんですね。

また、**インチ**も使われていますよね。
インチは親指の幅で、1インチは25.4ミリメートルと定められています。インチは現在でもよく使われているので、ご存じでしょう。

テレビとかパソコンとか、ジーンズのサイズとかですね。

そうですね。
それから、**フィート**も使われています。フィートは、足幅をあらわす「フート」の複数形で、1フィートは30.48センチメートルと定められています。これらの単位はピラミッドの建設にも使われ、その多くは、その後も19世紀ごろまでヨーロッパで用いられました。

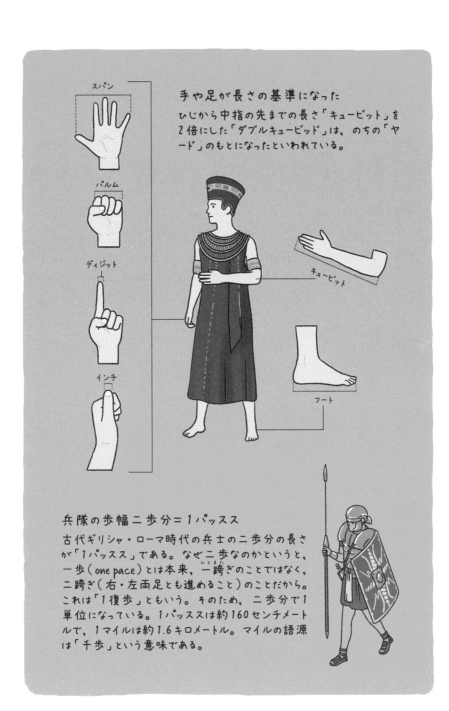

手や足が長さの基準になった

ひじから中指の先までの長さ「キュービット」を2倍にした「ダブルキュービッド」は、のちの「ヤード」のもとになったといわれている。

兵隊の歩幅二歩分＝1パッスス

古代ギリシャ・ローマ時代の兵士の二歩分の長さが「1パッスス」である。なぜ二歩なのかというと、一歩（one pace）とは本来、一跨ぎのことではなく、二跨ぎ（右・左両足とも進めること）のことだから。これは「1復歩」ともいう。そのため、二歩分で1単位になっている。1パッススは約160センチメートルで、1マイルは約1.6キロメートル。マイルの語源は「千歩」という意味である。

へええ〜！ ピラミッドの建設なんて大事業では，単位は必需品だったでしょうね……。

ちなみにイギリスでは，麦3粒の長さが1インチ（サム）に決められたという言い伝えがあるんです。

5世紀ごろ，イギリスでは大麦一粒（約8.47ミリメートル）の長さをあらわす**バーリーコーン（barleycorn）**という単位が使われていました。そして「3バーリーコーン」で，親指の幅である1インチとしたのだといわれているんです。

サムは，イギリスで使われていた親指の幅のことなんですよ。

面白いですね。
「サムズアップ」ってそこからきているんですね。

麦3粒＝1インチ
イギリスでは「麦3粒の長さ」が1インチ（サム）に決められたという言い伝えがある。5世紀ごろ，イギリスでは大麦一粒（約8.47mm）の長さをあらわす「バーリーコーン（barleycorn）」という単位が使われていた。そして「3バーリーコーン」で親指の幅である1インチ（25.4mm）としたのだといわれている。「サム」も，イギリスで使われていた親指の幅のことである。

世界共通の単位が生まれた

でも先生,今のはエジプトやイギリスのお話でしょう。日本の場合,長さは尺とか,寸などではないでしょうか。『母を訪ねて三千里』とか……。これでは,国や地域でバラバラですよね。

おっしゃる通り,長いあいだ,単位は国や地域によってバラバラだったんです。
しかし,時代が進み,人々が世界を行き来するようになると,世界共通の,誰にでも通じるような単位があれば,貿易をはじめとする国際交流がよりスムーズになるのではないかと考えられるようになったんですね。そこで,18世紀に,世界共通の単位を決めようという動きがフランスでおきたのです。

なるほど〜！

そして,長年にわたる努力の結果,長さの基本単位をm（メートル）,質量の基本単位をkg（キログラム）とする,現在一般的に用いられているメートル法とよばれる単位系が生まれたのです（37ページ）。
そして,単位系の制定と同時に,原器がつくられました。**原器とは,王様の腕のような,その単位の具体的な基準となる器物のことです。**
まず,フランスで,水1リットルの質量を1キログラムと定義し,白金とイリジウムの合金でできた1キログラムの円柱形の分銅がつくられました。

これが**国際キログラム原器**で，このレプリカが各国に送られ，各国では，このレプリカを基準として，重さの単位がつくられたのです。

面白いですね！

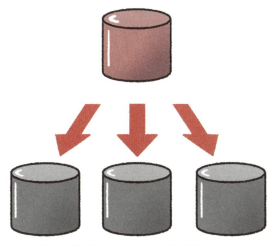

基準となるキログラム原器

キログラム原器のレプリカが各国に送られる。

キログラム原器は，2019年5月20日に定義が改定されるまで，長らく1キログラムの基準となっていたんです。

えっ！ 2019年って，最近じゃないですか！
こんなにデジタル化した文明の中で，そんなアナログなものが基準だったわけなんですね。なぜ定義が変わることになったんですか？

やはり人工物なので、経年劣化はまぬがれず、1キログラムにわずかなずれが生じていることがわかったのです。そこで、人工物の質量ではなく、**プランク定数**という、物理定数を用いた普遍的な定義を用いようということになったわけなんです。

なるほど……。

キログラムとほぼ同時期に、1メートルの長さも定義されました。1メートルは地球が基準となっていて、実際に測量をし、「地球の子午線の赤道から北極までの距離の1000万分の1」と定義されて、メートル原器がつくられました。しかし、これも現在は光の速度をもとに定義し直されています。
日本では長らく尺貫法（しゃっかんほう）が使われていましたが、1921年4月11日に**メートル法**が公布されています。

実際に測量……！
大変な労力だったでしょうね。
単位ってこうやってはじまったんですね。

	世界的なできごと	日本のできごと
2000年代	2019年：130年ぶりにキログラムの定義が改訂され、七つの基本単位が不変定数で定義された。	
1900年代	1971年：「国際単位系(SI)」に物質量の基本単位(mol)が追加され、現在の基本単位七つがそろう。 1960年：国際度量衡総会で、1954年に承認された単位系に「国際単位系」という名前があたえられる。 1954年：国際度量衡総会で、「MKSA単位系」に温度の単位(K)と光度の単位(cd)が追加承認された。 1946年：国際度量衡委員会により「MKSA単位系」が承認される。	1993年：計量法全面改正（現行計量法の制定）。 1991年：JIS（日本工業規格）がSI（国際単位系）に完全にしたがうことになる。 1974年：国際単位系(SI)が導入される。以後、猶予期間をへながら、さまざまな単位が次々に国際単位系へ移行していく。 1959年：単位はメートル法に統一される（計量法改正）。 1951年：「計量法」制定。 1921年：「メートル法」公布。 1909年：ヤード・ポンド法も公認される。 1891年：「度量衡法」が制定される。
1800年代	1889年：第1回国際度量衡委員会が開催され、メートルとキログラムの基準が国際原器になった。 1875年：フランスで7か国が「メートル条約」に調印する。 1874年：英国科学振興協会が、「CGS単位系」を導入する。	1885年：「メートル条約」に加盟する。
1700年代	1799年：二つの標準原器「メートル原器」と「キログラム原器」がパリの国立公文書館に所蔵される。 1795年：フランスにおいて「メートル法」が制定される。	

1時間目 単位と法則とは何か

七つの国際単位が決められた

先生，先ほど「長年にわたる努力の結果生まれたのが，メートル法とよばれる単位系だ」というお話がありました。**単位系**って，何なのですか？

「単位系」とは，たがいにつじつまが合うように決められた，さまざまな量の単位全体のことをいいます。
たとえば，長さの単位「m（メートル）」を使うとすると，広さの単位は「m²（平方メートル）」，体積の単位は「m³（立方メートル）」と，「メートル」で一貫性をもってあらわすことができるようになります。

ふむふむ。

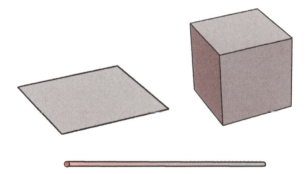

単位系には，長さの基本単位をm，質量の基本単位をkgとする「メートル法」のほか，長さの基本単位をcm，質量の基本単位をg，時間の基本単位を秒とした**CGS単位系**，**ヤード・ポンド法**など，さまざまなものがあります。

そんなにあるんですか。でも，単位系がいくつもあると，それはそれでまた面倒な気がします。

その通り。単位系がいくつもあると不便なので，単位系を整理して一つにまとめようという動きが生まれました。こうして1954年の国際度量衡総会において，世界共通の単位**国際単位系（SI）**が承認されたのです。
国際単位系（SI）では，長さ（メートル），質量（キログラム），時間（秒），電流（アンペア），熱力学温度（ケルビン），光度（カンデラ），物質の量（モル）の七つが**SI基本単位**とよばれます（40〜41ページ）。

現在は，この七つの単位が，世界共通というわけなんですね。

そうです。
なお，SIとはフランス語の**Système International d'Unités**の頭文字です。
この単位系をより洗練されたものにするため，現在では4年に1回ほどのペースで**国際度量衡総会**が開かれているんですよ。

へええ〜……。
単位についての国際会議が定期的に開催されているなんて，ぜんぜん知りませんでした！

ポイント！

国際単位系（SI）……世界共通の単位系

光度	名称	単位記号
	カンデラ	cd

1カンデラは，周波数540テラヘルツの光（電磁波）を放出し，所定の方向におけるその放射強度が683分の1W/sr⁻¹（ワット毎ステラジアン）である光源の，その方向における光度。

物質量	名称	単位記号
	モル	mol

1モルは，アボガドロ定数 N_A を $6.02214076 \times 10^{23}$ mol⁻¹（毎モル）と定めることによって定義される。

熱力学温度	名称	単位記号
	ケルビン	K

1ケルビンは，ボルツマン定数 k を 1.380649×10^{-23} JK⁻¹（ジュール毎ケルビン）と定めることによって，そこから物理法則にもとづいて定義される。

	名称	単位記号
質量	キログラム	kg

1キログラムは、プランク定数 h を $6.62607015 \times 10^{-34}$ Js（ジュール・秒）と定めることによって、そこから物理法則にもとづいて定義される。

	名称	単位記号
長さ	メートル	m

1メートルは、2億9979万2458分の1秒の間に光が真空中を進む距離。

	名称	単位記号
時間	秒	s

1秒は、セシウム133原子が吸収・放出する特定の光（電磁波）が、91億9263万1770回振動するのにかかる時間。

	名称	単位記号
電流	アンペア	A

1アンペアは、電気素量 e を $1.602176634 \times 10^{-19}$ C（クーロン）と定めることによって定義される。

単位の組み合わせ「組立単位」と「接頭語」

さて、この国際単位系の七つの基本単位を組み合わせると、さまざまな単位をあらわすことができます。これを**組立単位**といいます。

「組立単位」なんてはじめて聞きました。どんなものがあるんですか？

一番わかりやすいのは**速度**ですね。
「速度」は、**速度＝移動距離÷かかった時間**ですよね。
この移動距離は「長さ」をあらわす量です。その基本単位はメートル(m)、そして時間の基本単位は秒(s)です。
ですから、速度の単位は**m/s**であらわすことができます。

なるほど。私たちが何気なく使っている毎秒何メートルって、組立単位だったんですね。

そうです。
しかし、すべての単位が基本単位であらわされているわけではありません。組立単位の中には、固有の記号や名称をもつものもあります。

どういうものでしょうか？

速度を例にすると、たとえば**ノット**という単位があります。

これは船の速度をあらわす単位で、**海里**という長さの単位を1時間で割ったものです。しかし、m/sやkm/hとはちがい、固有の単位ということになります。

なるほど。

また、基本単位だけであらわすと長くて複雑な表記になってしまう単位もあります。しかし、固有の単位記号なら簡単にあらわすことができます。たとえば、**仕事量**という量を基本単位であらわすと、下のような式になります。

$$m^2 kg s^{-2}$$

げげげ！　何が何だか、ぜんっぜんわかりません！

そうですよね。でも仕事量は**J（ジュール）**という固有の単位記号であらわすことができるんです。

$$m^2 kg s^{-2} = J（ジュール）$$

よかった〜！　これならわかりますよ。

さらに、**接頭語**を使うことで、桁の大きな量をあらわす単位も簡潔に書きあらわすことができます。

せっとうご？

はい。
たとえば「1000m」は「1km」と簡潔にあらわすことができます。mの前につけたkが10^3をあらわすわけです。このような記号を**SI接頭語**といいます。「10のべき乗」(10を何回もかけ算すること)をあらわし、SI単位と一緒に用いられます(次のページの表)。

ああ、それですか。小学校の算数で習うやつですね。
単位量あたりの計算、苦手だったなあ〜！

そうですね。
右のページに20個のSI接頭語を示しました。たとえば、「0.000000001m(10^{-9}m)」をあらわすときは、mに接頭語のn（ナノ）をつけて1nmとあらわすことができます。
また、接頭語をつけた単位は、「nm^2」「cm^{-1}」のように、正負の指数で、べき乗することもできます。

ううっ。ちょっとややこしいですけど、ともかく、接頭語を使えばわかりやすいし、文字のスペースも稼げて、便利ですね。

ポイント！

組立単位……基本単位を組み合わせた、さまざまな単位。
接頭語……基本単位と一緒に用いられる 10 のべき乗をあらわす記号。

乗数	名称	記号	和名	数
10^{24}	ヨタ	Y	秭（じょ）	1 000 000 000 000 000 000 000 000
10^{21}	ゼタ	Z	十垓（がい）	1 000 000 000 000 000 000 000
10^{18}	エクサ	E	百京（けい）	1 000 000 000 000 000 000
10^{15}	ペタ	P	千兆	1 000 000 000 000 000
10^{12}	テラ	T	兆	1 000 000 000 000
10^{9}	ギガ	G	十億	1 000 000 000
10^{6}	メガ	M	百万	1 000 000
10^{3}	キロ	k	千	1 000
10^{2}	ヘクト	h	百	100
10^{1}	デカ	da	十	10
10^{-1}	デシ	d	分（ぶ）	0.1
10^{-2}	センチ	c	厘（りん）	0.01
10^{-3}	ミリ	m	毛（もう）	0.001
10^{-6}	マイクロ	μ	微（び）	0.000 001
10^{-9}	ナノ	n	塵（じん）	0.000 000 001
10^{-12}	ピコ	p	漠（ばく）	0.000 000 000 001
10^{-15}	フェムト	f	須臾（しゅゆ）	0.000 000 000 000 001
10^{-18}	アト	a	刹那（せつな）	0.000 000 000 000 000 001
10^{-21}	ゼプト	z	清浄（せいじょう）	0.000 000 000 000 000 000 001
10^{-24}	ヨクト	y	涅槃寂静（ねはんじゃくじょう）	0.000 000 000 000 000 000 000 001

チョウの単位は1頭!? いろいろな「助数詞」

組立単位と接頭語についてお話ししましたが、もう一つ、**助数詞**を避けて通ることはできません。

助数詞、ですか。これもはじめて聞きます。

助数詞とは、1「回」、1「杯」などのように、数量をあらわす語につける接尾語のことです。
単位とは別に、日本語のものの数え方には、たくさんの助数詞があります。

馬や牛を「頭」と数えたりするときに使う言葉ですね。

そうです。助数詞の中には、ある特定のものだけに使う言葉も少なくありません。また、状態によって助数詞が変化する場合もあります。たとえば魚は**匹**と数えるのに、刺身の状態になると**柵**、一口の大きさに分けると**切**、さらに鰹節になると**本**など、数え方がさまざまに変化しますよね。

ああ〜確かに。日本語はつくづく複雑だなあ。外国の方には，なかなか理解できなさそう……。

そうですね。ちなみにイカは杯で数えられますよね。諸説ありますが，杯の「不」はふくらんだ花の子房をあらわすことから，イカの胴体を器のイメージになぞらえて杯であらわしたともいわれています。
ただし，杯は食用で売られているものの数え方で，海で泳いでいるイカは匹で数えます。

これまた面倒ですねえ。

一方，昆虫の中ではチョウの数え方が特徴的です。何と数えるかご存じですか？

1匹，2匹じゃないんですか？

残念ながら，不正解です。チョウはさっきの牛や馬のように頭を使います。

チョウが1頭，2頭ですって!?
牛みたいな巨大なチョウを思い浮かべてしまいます。どうして「頭」なんでしょうね!?

これも諸説ありますが，有力な説としては，英語で家畜を数えるヘッド（head）＝頭がそのまま使われたといわれています。そのほかにも，標本にする際，頭部が重要だったためという説もよく知られていますね。

へええ〜。頭ってそういう由来なんですね。それにしても「チョウが1頭」だなんて違和感だなあ。
そうだ，違和感といえば，ウサギも1羽，2羽，と数えますよね。ウサギはどうして羽という字を使うんだろう？

その昔，日本では仏教の影響から四足動物の肉を食べることが禁忌とされていたため，ウサギは食べることができなかったんですね。そこで，ウサギを鳥のように羽で数えることで食べてよしとしていたという説があります。

そんな理由で？
それはちょっとずるいですねえ。

それから，ある特定のものを数えるときにだけ使われる助数詞もたくさんあります。
たとえば棹(さお)は，タンスを数えるときにだけ使用される助数詞です。

これも不思議ですね。どうして棹なんですか？

これは，江戸時代のタンスが，棹を通して運べる構造だったことが由来だといわれています。
同じように，ティーカップとソーサーのセットを数える客や，椅子の数をあらわす脚などがあります。

ややこしくて複雑ですけど，助数詞って面白いですねえ。

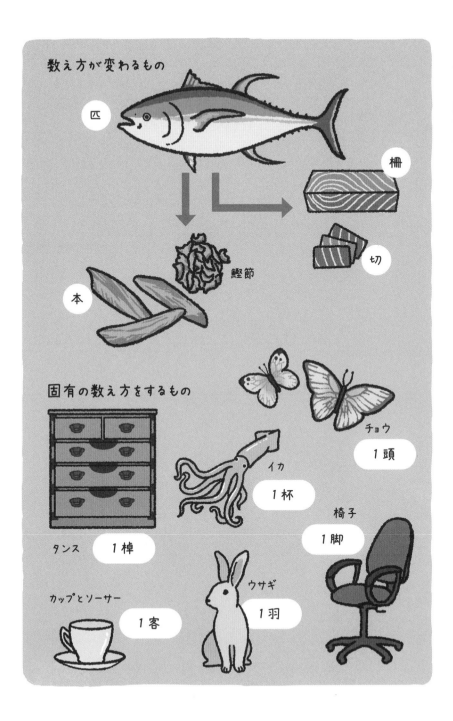

2

時間目

世界をはかる！単位

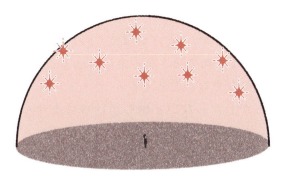

STEP 1

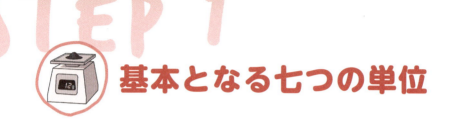

基本となる七つの単位

国際的に共通単位として定められた七つの基本単位は，長い年月をかけて，より精密に定義されてきました。ここでは，基本単位を一つずつ見ていきましょう。

> **長さの単位** 1メートルは，光が真空中を進む距離が基準！

1時間目で，世界共通の単位系である国際単位系（SI）が制定されて，基本となる七つの単位が定められたとお話ししました。ここで，この七つの単位について，くわしく見ていきましょう。

「SI基本単位」ですね！

その通りです。長さ・重さ・時間・電気・温度・物質量・明るさの七つです。
それではまず，**長さ**の単位から見ていきましょう。
そもそも「物の長さを正確にはかること」は，社会の発展には欠かせないことです。
長さがわからないと橋もかけられませんし，建物を建てることもできません。
だからこそ人類は，長いあいだ，より正確な長さの基準（単位）を求め続けてきたわけです。

確かに、そう考えると、日常でも「長さ」がわからないとできないことだらけですね。

そうでしょう。古代エジプトでは、長さの単位の一つに、王様のひじから指までの長さを使ったとお話ししました。「長さ」の単位は、身体の一部を基準とするところからはじまり、身体を長さの基準とする歴史は世界各国で見られます。

しかし当然、国や地域ごとに基準はバラバラだったわけですね。そうした歴史を経て、1790年代に、単位を世界で統一しようという動きがフランスでおこりました。そして、**「子午線（赤道に直角に交差して南極点と北極点を結ぶ線）の、赤道から北極までの距離の1000万分の1」**が1メートルと定められたのです。

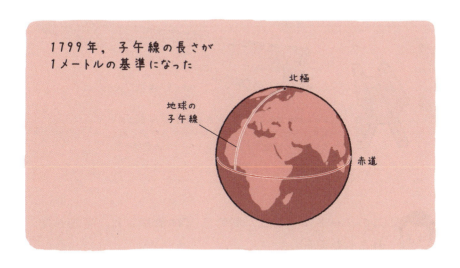

身体ではなく**地球**が基準となったのですね。

そうです。「地球」を基準とすれば,国ごとにばらつきが出ることはありません。

「キログラム原器」と同じように,「メートル原器もつくられた」ということでしたね。

そうです。
1889年,**第1回国際度量衡総会（CGPM）**※において,白金とイリジウムの合金製の**国際メートル原器**が長さの基準として認められ,原器に標された二つの目盛り線の間隔を「1メートル」としたのです。

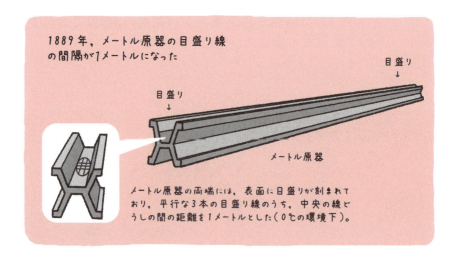

このメートル原器は,同時に30本作製され,各国へ配られました。
しかし,メートル原器は,熱膨張分の補正が必要だったり,年月を経ると長さが変わったりするという問題がありました。

※：世界共通の単位系を決定し,維持する国際会議。

キログラム原器と材質が同じなら,同じことがおこりえますよね……。温度によって金属も伸び縮みするといいますし。それじゃあ,厳密な長さをあらわす原器としては不十分ですね。

それだけではありませんでした。目盛り線の幅,つまり目盛りの太さが基準の正確さに限界を生じさせたんです。**目盛り線の左端か,中央か,右端か,どの位置からはかりはじめるのかによって値が変わる**という問題があったんですね。

ひゃあ〜!
そこまで厳密なんですね……。

そうなんです。このため,1960年になると,地球や原器といった「物」でなく,**自然現象**をもとに長さの基準を決めるようになりました。

自然現象?

はい。地球ではなくて,**光の波長**を基準にしようということになったのです。
そして,第11回国際度量衡総会において,**クリプトン86**という原子が一定の条件下で放出・吸収する特定の光の波長(波の山から山の距離)を長さの基準に使うことが決められました。クリプトン86をはじめ,原子には特定の波長の光だけを放出・吸収する,という特徴があります。その性質を利用したわけです。

55

原子!?
むずかしそうですが……，原子ならすごく精密に計測できそうですね。

ところが，クリプトン原子どうしが衝突をおこすなどして，波長にもばらつきが出てしまうという問題があったのです。

原子レベルでもダメだったんですか。

そこで1983年，第17回国際度量衡総会で，**光速（c）** を長さの基準に使うことが決定されました。
光速は自然界の最高速度で，光の波長，光源の運動，光が進む方向に影響を受けず，時間がたっても変わらないという性質をもっています。

光速が基準!?
特徴だけ聞くと，基準としてはうってつけですね。

そうなんです。もともと，レーザー光と原子時計による複数の測定結果から，真空中を進む光の速さは，**秒速2億9979万2458メートル**と求められていました。その値を使い，**1メートルは，光が真空中で299792458分の1秒のあいだに進む距離**と定義されたのです。この定義は，現在も使われています。

知りませんでした！
1メートルなんてふだん何気なく使っていましたけど，そんなとんでもない基準で定められていたんですね。

> **ポイント！**
>
> 1メートル ＝ 光が真空中で299 792 458分の1秒のあいだに進む距離。

1983年以降，光速の値（$c = 299\ 792\ 458$ m/s）が長さの基準に使われるようになった。

地球約23.5個

$c = 299\ 792\ 458$ m/s

光は，真空中を1秒間に2億9979万2458メートル（地球約23.5個分）進む。

ちなみに，1秒はセシウム原子の周波数で定義されています。1967年に，**1秒は「セシウム原子（^{133}Cs）が吸収・放出する特定の電磁波（光）の周波数の91億9263万1770倍**と定められたのです（71ページ）。秒については，あとであらためてお話ししますね。

質量の単位 1キログラムは、光のエネルギーが基準！

続いて、<u>質量</u>の単位について見ていきましょう。
1時間目でもお話ししましたが、質量の単位を国際的に統一しようという試みは、長さの単位と同様、1790年代のフランスから始まっています。
はじめは水の質量をもとに1キログラムの基準が制定されたとお話ししましたね。

はい。

このときに基準となった水の質量は、厳密には**最大密度となる「約4℃下における1リットルの純水の質量」**で、この質量をもとに「キログラム原器」がつくられたのです。

はじめは、「1キログラム＝最大密度の純水1リットルぶん」ということだったのですね。
……先生、あの、今さらなのですが、一つ基本的なことをお聞きしてもよいでしょうか。
「質量」と「重さ」というのは、ちがうものなんですか？

いいところに気が付きましたね。確かに、質量はしばしば「重さ」と混同されます。しかし、重さとはまったくの別物なんです。
質量とは、物体の動かしにくさ（静止しているときの動かしにくさ）の度合いをあらわすものです。
質量はそれぞれの物体に固有の値でなので、どこへ行っても変わることはありません。

一方,**「重さ」とは物体にかかる重力の大きさのことです。**
物質の質量に重力加速度(地球の重力が,地上の物体におよぼす加速度)をかけたもので,ニュートン(N)という単位であらわされます。

ですから,質量とはことなり,重さは重力の影響によって変化するのです。

ポイント!

質量……物体の動かしにくさをあらわすもの。物体に固有の値。

重さ……物におよぼす重力の大きさ。重力の影響を受けて変化する。

質量(動かしにくさ)は,無重力空間や氷の上など,重力の影響を排除したうえで,一定の力を加えて物体を動かすことによって測定できる。

鉄球
テニスボール

重さ(物体にかかる重力の大きさ)は,ばねにつるしたり,はかりの上に乗せたりすることで測定できる。

鉄球
テニスボール

そういうことですか。無重力空間では,重さはゼロになるけど,質量の大きい物はやっぱり動かしにくい,ということなんですね。

そういうことです。
さて,1889年の第1回国際度量衡総会で,メートルとともに,純水1リットルの質量を「1キログラム」として使うことが決まり,「国際キログラム原器」がつくられました。しかし,年数がたつにつれて,メートル原器と同様,キログラム原器も精度に問題が出てきたんですね。
そこで2000年代に,人工物ではなくて,より普遍的な物理の**定数**を計測し,その数値から基準値を導きだそうということになったのです。

そんな経緯があったんですね。その定数が,1時間目でおっしゃっていた「プランク定数」というものなんですね。

そうです。
この方法は,アインシュタインの**特殊相対性理論**と**光量子仮説**をもとに,光の粒子のエネルギーと質量を関係づけて,キログラムを定義しようというものでした。

うわ～! ぜんぜんわかりません。
そもそもプランク定数って一体何なのですか!?

かなり複雑なので,一つずつざっくりと説明していきましょうね。お話として聞いていただければ大丈夫です。

まず、**プランク定数とは、光子1個あたりのエネルギーと振動数の比例関係をあらわす定数**のことなんです。
物理学の不変定数といわれているもので、量子論の父といわれているドイツの物理学者**マックス・プランク**（1858〜1947）にちなんで名付けられました。

マックス・プランク
（1858〜1947）

こ、光子、ですか……。

量子論は、現代物理学の基礎となる学問です。量子論では、光は、素粒子（物質を構成する最小単位）の集合であると考えて、その粒子は粒子としてだけではなく、波になったり、同時に複数存在したりといった、いろいろなふるまい方をすると考えるんです。
光子（光量子ともいいます）とは素粒子の一つで、光が粒子としてふるまっているときの名称です。

不思議な理論なんですね……。光は"つぶつぶ"でできていて、光子はその最小単位というわけなんですね。

そうです。
光は，原子や分子が熱によって振動すると，放射されます（熱放射）。プランクは1900年に，熱放射に関係する研究の中で，**振動する原子や分子の振動数（1秒あたりの振動回数）をvとすると，原子や分子はhvの整数倍の大きさのエネルギー（E）をもつ」という仮説を発表したのです。このhがプランク定数です。**
プランク定数は，6.62607015×10^{-34}Js（ジュール・秒）と定められています。

むむむ……。ともかく，定数を見つけたんですね。

そうです。そして，1905年に，ドイツの天才物理学者**アルバート・アインシュタイン**（1879～1955）が，この仮説にヒントを得て，**光量子仮説**という理論を発表しました。
この理論は，光が1個，2個……と数えられる粒子（光子）としてふるまうことを明らかにしたものです。
この理論の中でアインシュタインは，光子1個のもつエネルギー（E）は，その振動数をvとすると，$E = hv$で計算できることを示したのです。

光子の振動数にプランク定数をかければ，そのエネルギーが計算できるわけなんですね。

そうです。さらにアインシュタインは，1905年に**特殊相対性理論**を発表しました。これは，「光速で移動する物体の中は時空がゆがみ，時間の進み方が遅くなり，物の長さが短くなる」という理論です。

> **ポイント！**

光量子仮説
……光は，それ以上分割できない，エネルギーの最小単位の粒子（光子）の集合体である。

光の粒子（光子）のエネルギーは，振動数に比例する。

$$E = h\nu$$

E：エネルギー
h：プランク定数 $6.62607015 \times 10^{-34}$ J s
　（ジュール・秒）

粒子としての光
波としての光
$E = h\nu$

ふうむ,なかなか面白い理論ですね……って,ちんぷんかんぷんです！

特殊相対性理論については今回は置いておきましょう。アインシュタインはこの理論から,エネルギーと質量に関する世界で最も有名な数式,$E = mc^2$を導きだしました。
この数式は,**「エネルギーは,質量に光速を2回かけ算したもの」**であることを意味しています。

$$E = mc^2$$

E：エネルギー
m：物体の静止質量
c：真空中の光の速さ

エネルギーは,質量に光速を2回掛け算したもので,質量はエネルギーに換算することができる。

あ,これは見たことがあります！

これまで、エネルギーと質量は歴史的に別物としてあつかわれてきました。
しかし、エネルギーと質量は換算することができ、この数式によって、**「エネルギーと質量は本質的には同じものである」ことがあらわされたのです。**

細かいことはわかりませんけど、ともかく、物質のエネルギー量は、質量だと考えていいわけなんですね。

そういうことです。エネルギーには、熱エネルギーや運動エネルギーなどがありますが、質量もエネルギーの一種、ということなのです。
先ほど、光子（光の粒子）1個がもつエネルギーを $E = h\nu$ であらわせとお話ししました。$E = mc^2$ も $E = h\nu$ もエネルギーをあらわしていますから、この二つは $E = mc^2 = h\nu$ とつなげることができます。
そして、この式を変形して、$\nu = \dfrac{mc^2}{h}$ とあらわすこともできます。

さまざまな物理法則と式を駆使して、1キログラムの基準値を追求していくわけなんですね。

この式の m を1キログラムとすれば、この式は、**そのときの光子の振動数（ν）は、光速299792458m/sの2乗を6.62607015×10⁻³⁴ kg・m²/sで割ることで計算できます。** したがって**質量1キログラムは、$\dfrac{(299792458 \text{m/s})^2}{6.62607015 \times 10^{-34} \text{ kg} \cdot \text{m}^2/\text{s}}$ ヘルツの光子のエネルギーと等価である**と定義することができます。

むずかしい！ でも，1キログラムがとんでもない精度と計算の上に成り立っているということがよくわかりました。

ポイント！

質量（kg）= 周波数が

$$\frac{(299792458)^2}{(6.62607015 \times 10^{-34})}$$

ヘルツ（Hz）の光のエネルギーと同じ。

さらに進んで考えると，現代の物理法則を用いれば，エネルギーだけを与えれば質量や周波数，もしくはその逆数である時間が決まってしまうということに気づきます。少し専門的なお話ですが，光速度cやプランク定数を2πで割ったディラック定数$\hbar$を1に定めてしまうと，質量，長さ，時間などをエネルギーの単位だけであらわせてしまいます。

実は，万物の存在や変化の起源となる素粒子の物理では，そのような<u>自然単位系</u>という単位系を使っているのです。

ひえ～！
さらにむずかしい！
人間の世界を離れて，素粒子の世界で便利な単位を考えたというわけですね。

そうです。
でも，素粒子の研究にとってはとても簡便になるのですよ。単位が法則に密接に関係しているよい例でもあります。あとでまた少し説明しますね。

お，お願いします！

時間の単位 1秒は,セシウム原子が震える時間が基準

はああ～! 質量の基準って,とんでもない数字や数式が出てきて衝撃でした……。
ところで,先ほど「秒は,セシウム原子の吸収・放出する電磁波の振動数で定義する」というお話がありました。**時間**の単位はどうやって決まったんですか?

人々は古来より,一定の時間間隔でくりかえし運動する**自然現象**をもとに,時間の長さを決めてきました。
紀元前3000年ごろのエジプトでは,**太陽**が南中する時間(天体が東から昇って南の空を通り,西に沈むとき,真南の方角を通過すること)の間隔を**1日**とし,1日を**24時間**に分けました。
そしてこの考え方が進んで,1時間が3600(60秒×60分=1時間)で割られて,**1秒**の長さが決められたのです。

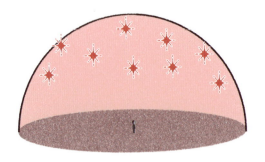

60秒で1分,60分で1時間,1日が24時間というのは,自然現象から決まったんですねえ。

ところが、20世紀中ごろまでに、地球の自転周期は、月や太陽の引力による影響などで変わってしまうことがわかってきました。

そんなこと、よく気がつきますよね。

そこで1956年、国際度量衡委員会が、より安定した基準として地球の公転を秒の基準に採用したのです。
ところがこの方法は、長い年月の天体観測にもとづいて決めなければならず、高い精度が得られなかったんです。そこで、セシウム133原子が、1秒の定義に使われることになったのです。

なぜセシウム原子で時間の単位を決めることができるんですか？

原子というものは、決まった周波数の電磁波だけを吸収・放出する性質をもっているからなんです。
周波数とは、1秒あたりの波の振動回数のことで、単位はヘルツ（Hz）です。

セシウム133という原子も、決まった周波数の電磁波を吸収・放出するわけなんですね。でもなぜ、セシウム133が基準になったんですか？

セシウム133原子の場合は、周波数が91億9263万1770ヘルツの電磁波（マイクロ波）だけを吸収・放出するからです。

1秒間に91億回!?
すごい数の振動数ですね!

驚くべき数値ですよね。**このセシウム133原子が吸収・放出する電磁波が，91億9263万1770回振動するのにかかる時間を，1秒と定めているのです。**

うーん。91億9263万1770回振動するのにかかる時間がたったの1秒ですか……。

すごいでしょう。この原理を使って正確な時刻を刻むのが**原子時計**です。

原子時計って聞いたことがあります。ものすごく正確な時計なんですよね。

その通りです。そのため，原子時計は，カーナビに使われる**GPS衛星**や**携帯電話基地局**，また，**電機メーカー**が製品の時計のずれを直すためなど，正確な時間が必要となる場合にはなくてはならないものとなっています。

なるほど，そういう現場で使われているんですね。

しかし最近では，セシウム原子時計の1000倍も高い精度で時間を求めることのできる**光格子時計**の開発が進められています。光格子時計では，大量のストロンチウム原子をレーザーで捕捉し，すべての原子の吸収・放出する光の周波数を計測して1秒を決めます。

> **ポイント！**
>
> 1秒＝セシウム133原子が吸収・放出する電磁波が，91億9263万1770回振動するのにかかる時間。

原子時計のしくみ

原子時計は，エネルギーが高い状態にされたセシウム133原子を集め，そこから放出されたマイクロ波の振動数をカウントして，振動回数が91億9263万1770回に達したときに，時間を1秒進める。

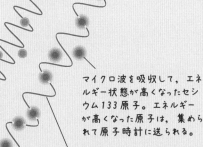

マイクロ波を吸収して，エネルギー状態が高くなったセシウム133原子。エネルギーが高くなった原子は，集められて原子時計に送られる。

マイクロ波
セシウム133原子が吸収放出する，91億9263万1770ヘルツの周波数をもつマイクロ波。

原子時計

2006年，国際度量衡委員会は，この光格子時計で計測した1秒を将来の「秒の再定義」の有力候補として採択しているのです。
ただ，今のところは1秒の定義は，セシウム133の原子時計をもとに国際的に決められています。
さて現在，世界共通の時刻は，**国際原子時（TAI）**と**世界時（UT1）**をもとに定められています。

そんな機関があるなんて知りませんでした。

国際原子時（TAI）は，70か国以上にある約500台の原子時計の時刻をもとにした時刻で，一定で正確な1秒を刻んでいます。

ふむふむ。これは原子時計が基準なんですね。

そうです。一方，**世界時（UT1）は，地球の自転によって決まる時刻です。**
私たちの生活に合った時刻ではあるものの，地球の自転速度が変動するため，1秒の長さは変動してしまいます。

自然現象をもとにすると，どうしてもそうしたずれが出てきますよね。世界時では，その点をどう解決しているんですか？

1秒の刻みには，正確な1秒を刻む国際原子時（TAI）を用い，数年に1度，**うるう秒**で地球の自転とのずれを補正する**協定世界時（UTC）**が，世界共通の時刻として使われているんです。

現在私たちが使っている世界共通の時刻とは?

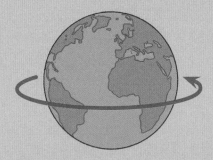

地球の自転にもとづく「世界時(UT)」

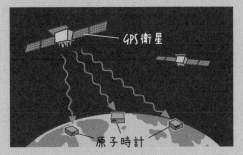

原子時計にもとづく「国際原子時(TAI)」

世界時(UT1)の時刻 　　　　　　　　　　　協定世界時(UTC)の時刻

Jun 30 23:59:58	協定世界時(UTC)の進みが0.8秒速い	Jun 30 23:59:59⁰⁰
Jun 30 23:59:59²⁰	世界協定時(UTC)にうるう秒を入れる	Jun 30 23:59:60⁰⁰
Jun 1 00:00:00²⁰	時刻の差を縮小	Jun 1 00:00:00⁰⁰

電気の単位 1アンペアは, 1秒間に電子が流れる量

次は**電気**の単位を見てみましょう。
ボルト（V）, アンペア（A）, ワット（W）など, 私たちはふだん, 電気に関係するさまざまな単位を目にしています。

電気は日常生活には欠かせないものですからね！
これらの電気の単位はすごく身近です。

ボルト（V）は電圧（電気を押しだす力）の単位, アンペア（A）は電流の大きさをあらわす単位, ワット（W）は, 電気の仕事量, すなわち1秒間でどれぐらいの電圧でどれぐらいの電流を流せるか, をあらわす単位です。
この中で, **電気に関する基本単位に定められているのが, 電流の大きさをあらわすアンペアです。**

「電流の大きさ」が電気の基本というわけですね。
ところで,「水流」とかはわかるんですが,「電流」って, どういうものなんでしょうか？

電流とは、電子の流れのことです。
厳密には、マイナスの電荷（電気現象のもととなるもの。プラスの電荷とマイナスの電荷がある）を帯びた電子の流れのことなんですね。

マイナスの電荷を帯びた、電子の流れ？

そうです。
物質はすべて、原子という小さな粒が集まってできています。一つ一つの原子を拡大してみると、中心に中性子と陽子がかたまってできた原子核があり、そのまわりを電子が取り巻いている構造をしています。
そして、陽子はプラスの電荷、中性子は電気的に中性、電子はマイナスの電荷を帯びているのです。

ひえ～！　細かいですね。

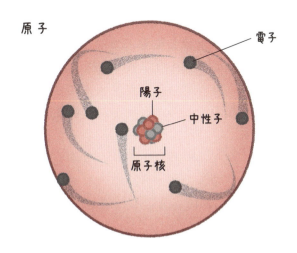

2時間目　世界をはかる！　単位

75

すごいでしょう。また，電子は基本的に，原子核のまわりの軌道上でしか動けず，原子の外へは出られません。したがって物質の内部を自由に動き回ることはできません。

へええ〜。原子って，そんな構造をしているんですね。

そうなんです。ところが，一部の物質は少し特殊な原子の構造をしていて，電子が原子にしばられず，原子間を自由に動き回ることができるんです。このような電子を自由電子といいます。

原子にしばられないから，自由電子なんですね。
そうした構造の原子でできた物質って，どんなものがあるんですか？

その代表が金属です。金属は，熱や電気を通しやすいですよね。これは，金属の中に自由電子がたくさん存在しているからなんです。
金属でできた線を電池につなぐと，自由電子が影響を受けて，電池のマイナス極（負極）からプラス極（正極）に向かっていっせいに移動するんです。電気とは，この電子の移動のことで，これが電流の正体というわけです[※]。
このように，電気を通すことのできる物体を導体といいます。導体の中の自由電子を動かして大きな流れをつくり，その流れを使って，電化製品を動かすなど，さまざまなことに活用しているわけなんですね。

流れの大小をアンペアであらわしているわけなんですね。

※：「電子」の動きはマイナスからプラスだが，「電流」はプラスからマイナスへ流れるとされている。

さて，前置きが長くなってしまいましたが，電流の単位については，まず1893年に，国際電気会議（国際電気標準会議の前身）において，**国際アンペア**という単位が導入されました。

このときは，硝酸銀の水溶液を電気分解したときにあらわれる**銀の重さ**を基準としていました。

銀めっきを使った定義

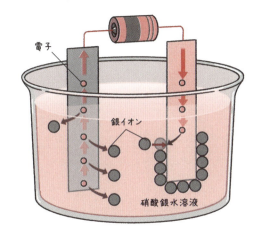

そして1948年の第9回国際度量衡総会において，定義が見直され**「1アンペアは，真空中に1メートルの間隔で平行に配置された無限に小さい円形断面積を有する，無限に長い2本の直線状導体のそれぞれを流れ，これらの導体の長さ1メートルにつき2×10^{-7}ニュートンの力をおよぼし合う電流」**と定義されたんです。

これがSI基本単位として1954年に採用され，2018年まで用いられました。

導線が引き合う力をもとにした定義

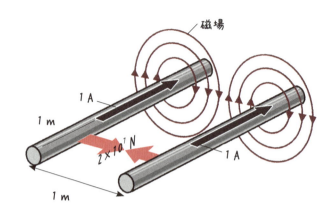

「ニュートン(N)」は,あとからお話ししますが,力をあらわす単位で,1ニュートンは1キログラムの物体を毎秒1メートルの速さだけ加速させる力をいいます。

ずいぶん複雑ですね!
2018年までということは,また新たに定義し直されたわけですか。

はい。現在は,電気素量をもとに定義されています。一つの電子が担う電気の大きさは決まっています。つまり絶対値なんです。これを電気素量といいます。
これまで不確かさがあった電気素量が,厳密に$1.602176634 \times 10^{-19}$クーロン(クーロンは電気量の単位で,記号はC)と決められたのです。そのため,これをもとにアンペアが定義されることになったのです。

1クーロンの電荷が1秒間に流れたときに電流は1アンペアとなります。したがって、1アンペアの電流が流れているとき、1秒間に、$\frac{1}{1.602176634\times10^{-19}}$個＝6.24150907446076×10^{18}個の電子が通過していることになるわけです。

ひゃあ〜！　目の回りそうな数値ですね！

ポイント！

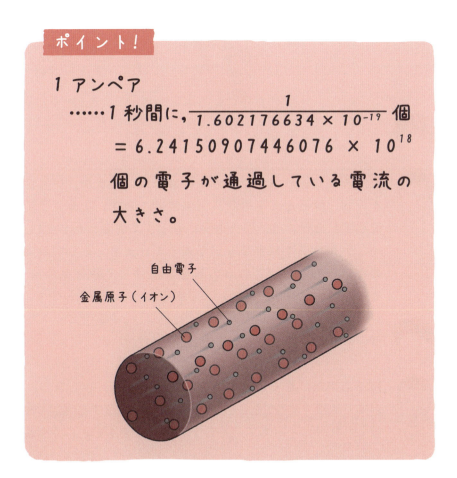

1アンペア
……1秒間に、$\frac{1}{1.602176634\times10^{-19}}$個
＝6.24150907446076×10^{18}
個の電子が通過している電流の大きさ。

自由電子
金属原子（イオン）

温度の単位　1ケルビンは，分子1個の温度の変化

続いて，**温度**の単位について見てみましょう。
温度を定量的にあらわす方法については，昔からさまざまなものが考案されてきました。その中で最も代表的なものの一つが，**摂氏温度（℃）**です。

私たちが日常生活で使う温度の単位ですね。

そうですね。今はデジタル温度計が多いですが，少し前までは，ほとんどがガラス製温度計でした。このガラス製温度計の管には，摂氏温度にもとづく目盛りがふられ，中にアルコールや水銀などが入っています。そして温度の上昇とともに，これらの液体が膨張して管を上がり，その液面の目盛りが温度としてあらわされるしくみです。

子どものころは，まだ水銀体温計でしたねぇ。

摂氏温度は，古くは標準の大気圧のもとで，水と氷が共存する温度（氷点）を0℃，水と水蒸気が共存する温度（沸点）を100℃と定めて，その100分の1を1℃としていました。

自然現象を基準にしていたんですね。

そうです。その後，1787年に，フランスの物理学者**ジャック・シャルル**（1746〜1823）が，**気体の体積は，圧力が一定のとき，温度が高くなるにつれて一定の割合で大きくなる**ことを発見しました。これを**シャルルの法則**といいます。

シャルルの法則によると，気体の体積は，温度が1℃上がるごとに，「0℃のときの体積の273.15分の1」ずつ増えることがわかりました。つまり，**「温度をマイナス273.15℃まで下げると，気体の体積はゼロになる」と考えられたのです**[※1]。そして，この究極の状況をつくるマイナス273.15℃が，自然界の最低温度であると考えられ，**絶対零度**とよばれるようになったのです。

これが絶対零度ですか。それにしてもマイナス273.15℃って，とんでもない温度ですね……。

そうですね。さらに，イギリスの物理学者，**ケルビン卿**（ウィリアム・トムソン：1824〜1907）は，この下限温度を基準にした，普遍的な温度単位**絶対温度**[※2]を提案しました。

そして1968年，国際度量衡総会は，この絶対温度をもとに，新しい国際的な温度の単位を定義しました。それが**ケルビン（K）**です。

ケルビン卿の名前が由来なんですね。どうやって定義されたんですか？

ケルビン（K）は，水の気体・液体・固体の三つの状態が共存する「三重点」の温度を273.16K，絶対零度を0Kとして定義されました。
1Kは，先に使われていた摂氏温度の1℃と同じ幅に設定されたため，絶対温度（K）＝摂氏温度（℃）＋273.15となります。

うーむ……。先生，この「絶対零度」って，具体的にはどんな状態のことなんでしょうか。

そもそも，**温度とは，物質をつくる粒子（原子または分子）の運動の激しさ（運動エネルギー）の度合いなんです。**
温度が下がっていくほど，粒子の動きは遅くなります。温度は，気体・液体・固体いずれの状態でも，粒子の運動の激しさによって決まるのです。
温度を下げに下げていくと，ある温度で，粒子の動きは完全に止まります。正確には，それ以上エネルギーを下げられない状態になるんですね。
だとしたら，このいわば"究極の状況"が**自然界の最低温度**であり，「絶対零度」ということなのです。

なるほど！　絶対温度はつまり，これまでの自然現象から，分子や原子の運動を基準として考えられるようになったわけなんですね。

その通りです。そして現在，ケルビンの定義には，水の三重点ではなく，**ボルツマン定数**という物理定数が使われています。ボルツマン定数は，分子の運動エネルギーと温度を結びつける定数です。

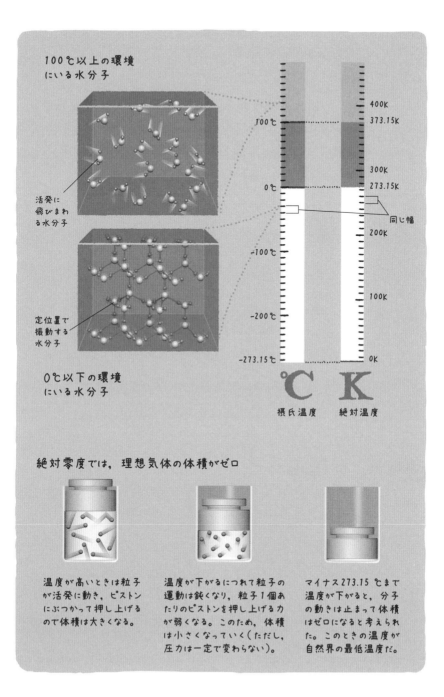

83

現在，ケルビンは，この定数の値を厳密に1.380649×10⁻²³J/Kと定めることによって定義されています。

つまり，**単一の原子からなる仮想的な気体（理想気体）があると仮定したとき，1Kの温度変化は，原子1個の平均の運動エネルギーに$\frac{3}{2}$×1.380649×10⁻²³Jの変化をもたらす温度変化に等しくなるのです**[※3]。

> **ポイント！**
>
> 1ケルビン（K）
> ……単原子分子1個の平均の運動エネルギーに$\frac{3}{2}$×1.380649×10⁻²³Jの変化をもたらす温度変化をあらわす。

ひゃああ～！
とても細かすぎて理解が追いつきませんが，そこまで精密に定義されるようになっているんですね！

※1：理想気体（分子の体積や分子間にはたらく力を無視した仮想的な気体）において，仮想的に体積がゼロになると考えられているだけで，実際の物質で体積がゼロになることはない。
※2：現在では正確には熱力学温度とよばれている。
※3：単原子分子の理想気体の平均運動エネルギーは$\frac{1}{2}m\overline{v^2}=\frac{3}{2}kT$とあらわせる（気体分子の質量をm，速度の絶対値の2乗の平均を$\overline{v^2}$，絶対温度をTとする）。

> 物質量の単位 1モルは，粒子6.02214076×10²³個分！

さて次は，**物質量**の単位をご紹介しましょう。

「物質量」？　質量とはまたちがうんですか？

はい。たとえば，酸素や水素，炭素，水をそれぞれ1グラム分もってきたとします。

同じ質量（重さ）ということですね。

そうです。しかし，すべての物質は，原子や分子といった粒子が結合してできています。ですから，わずか1グラムの中には，膨大な数の粒子が含まれていることになります。

酸素や水素，炭素，水は，それらをつくっている粒子の質量がことなります。ですから，同じ1グラムでも，それぞれの物質ごとに「粒子の数」はバラバラなわけです。

このように，**物質に含まれる粒子に注目し，その"個数"をあらわすのが，物質量なのです。**

ポイント！

物質量
　……物質に含まれる粒子の個数をあらわす。

なるほど。物の「重さ」は関係なく，粒子の「数」に注目するわけですね。

そうなんです。たとえば，水（H_2O）をつくりたい場合は，水素（H）2個と酸素（O）が1個必要ですよね。
このように，化学反応を考える場合，質量よりも物質量の方が重要になってくるんですね。

なるほど。でも原子や分子の数って膨大ですよね……。

そこで，たとえば「1ダースは12個」のように，粒子の数をまとめて数えられるような単位があると便利じゃないですか？

そうですね。1パックに粒子が何個入ってるか，みたいなことだと，確かに数えやすそうです。

そうでしょう。そこで登場するのが**モル（mol）**という単位です。
モル（mol）は，物質量をあらわす単位です。
現在，1モルの粒子の数は，$6.02214076 \times 10^{23}$個と定義されています。

どっひゃ～！
1パックに$6.02214076 \times 10^{23}$個，ってことですよね。卵1パックとかとはわけがちがいますね……。

すごいでしょう。この，1モルあたりの粒子の数は**アボガドロ数**といいます。

10^{23}は，10を23回かけ算した数ということです。アボガドロ数がどれだけの数であるかについては，たとえば立方体に球をしきつめるとして，このとき，立方体の1辺に球が1億個並んでいるときの立方体全体の球の数ぐらいです。

ひぃ〜！ まさに天文学的な数ですね。

2018年まで，**1molは「12グラムの炭素12（^{12}C）の中に存在する原子の数」**とされていました。

従来の1 molの基準，12グラムの炭素12。

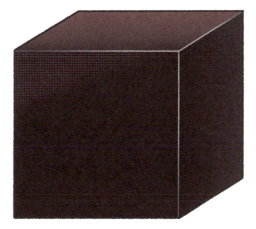
$6.02214076 \times 10^{23}$の大きさのイメージ。1辺に球を1億個並べると，立方体に含まれる球の数は1×10^{24}個。

「炭素12」とは，炭素原子の中心にある原子核が陽子6個と中性子6個からなる炭素のことです。
炭素の約99％はこの「炭素12」です。しかし，陽子6個と中性子7個の「炭素13」，陽子6個と中性子8個の「炭素14」もあり，それぞれ重さがことなります。そこで，単位の基準となる原子を「炭素12」と限定したのです。12グラムの炭素12の中に存在する原子の数は，約6.02×10^{23}個でした。

結構ざっくりな感じだったんですね。

そうなんです。かつての定義では，不確かさがありました。そこで，現在は1molの粒子の数を$6.02214076 \times 10^{23} mol^{-1}$（毎モル）と固定した値に定義したんですね。これを**アボガドロ定数（NA）**といいます。molは，分子を意味する**molecule**からとられているんですよ。

うーむ……。アボガドロ数があまりにもスケールが大きすぎて，ぼんやりしてしまいます。

ちなみに，現在観測可能な恒星の数は，およそ**7×10^{22}個**です。
12グラムの炭素12の中に存在する原子の数は，そのおよそ10倍に匹敵します。

12グラムの物質の中に宇宙ですか……。
まさに天文学的な数ですね。

ポイント！

アボガドロ定数（NA）
$= 6.02214076 \times 10^{23} \text{mol}^{-1}$
……1モル（mol）＝粒子 $6.02214076 \times 10^{23}$ 個

モルは，物質量をあらわす単位。

気体　　1モル＝約22.4リットル

都市ガスの主成分であるメタン（CH_4）をえがいた。気体分子1モルは，0℃，大気圧（1気圧）で，およそ22.4リットルになる。これは，直径約35センチメートルのボールの体積と同じだ。

※これは，理想的な気体の場合である。実際には，1モルの気体の体積が22.4リットルからずれる場合もある。

2時間目　世界をはかる！　単位

明るさの単位 1 カンデラは，緑色の光が基準!?

さて次は，**明るさ**をあらわす単位をご紹介しましょう。
光の明るさをあらわす指標には，**光度**，**光束**，**照度**，**輝度**といったものがあります。
その中で，国際単位系で基本単位とされているのが，光源の明るさをあらわす光度の単位**カンデラ（cd）**です。

カンデラって，名前だけは聞いたことがありますが……。

光度は，1860年のイギリスで，特定の仕様のロウソクの本数を基準にしたのがはじまりです。
「ロウソク何本分に相当する明るさか」といった具合ですね。
カンデラは，ラテン語でロウソクを意味する「カンデーラ」からきているんですよ。

へええ〜！　はじめて聞きました。

その後，ロウソクから特定の仕様のガス灯を基準とする方式に移行していきました。
しかし，大気などの環境の影響もあり，これらの方法で一定の明るさを実現することはむずかしかったのです。

ロウソクとかガス灯とか，時代を感じますねえ。
でも，一定の明るさをあらわすことはむずかしそうですね。

そうなんです。このため，1948年に，国際度量衡総会において，温度から理論的に明るさを導くことができる黒体放射を利用した世界共通の光度の単位が，「カンデラ」として定められたのです。

黒体放射？　「黒体」って，何なのでしょうか？

黒体とは，あらゆる光を完全に吸収する仮想の物体のことです。黒体は，その温度に応じた光を放射します。これを黒体放射といいます。かつてカンデラは，1772℃（白金の凝固点の温度）における黒体放射の輝度を基準に定められていました。

うーむ。結局どれも光源を利用したわけなんですね。

そうです。特定の光源にたよらない光度の定義が採用されたのは1979年のことでした。
このとき，カンデラの定義は**「光が運ぶ単位時間あたりの放射エネルギー（放射束。単位はワット[W]）」**にもとづくものとされました。光の量を，放射エネルギーとして物理的にあらわすことを基本とするこの定義は，現在まで使われています。

なるほど。放射エネルギーという物理量なら，たしかにしっかりとした値になりそうですね。

ただし，「単位時間あたりの放射エネルギー」だけで光度を定められるかというと，話はそう単純ではないのです。

どうしてですか？

光度は最初，特定の光源の明るさをもとに定められました。これは，人が感じる**"明るさ"**が前提となっています。
しかし，単位時間あたりの放射エネルギーが同じ光であっても，人の視覚が感じる"明るさ刺激"の大きさは，色によってことなるからです。この明るさ刺激は**分光視感効率**といいます。

ああ～。たとえば赤と青では「分光視感効率」がちがうんですね。

92

そうなんです。ですから,単位時間あたりの放射エネルギーにもとづいて光度を定義するなら,その単位時間あたりの放射エネルギーが人の視覚にあたえる分光視感効率も考慮しなければならないわけです。

明るさって,結局私たち人間が「明るい」「暗い」と,目で見て感じることが重要ですもんね。

そのため,光度「カンデラ(cd)」は,この分光視感効率が最大になる光に対して定義されることになりました。現在,光が人の視覚にあたえる分光視感効率が最大となるのは,周波数$540×10^{12}$ヘルツ(Hz),色でいうと緑色の光であることがわかっています。

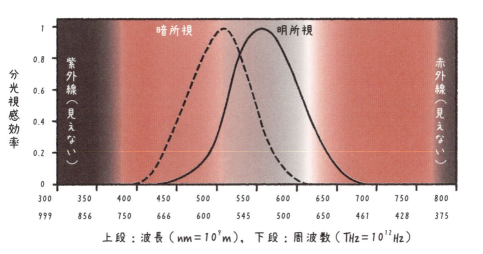

グラフの明所視・暗所視の曲線は,それぞれヒトの眼の視細胞である錐体・桿体の応答にもとづいた値を示している。

そのため,光度「カンデラ(cd)」は**「周波数540×10¹²ヘルツの単色放射を放出し,所定の方向におけるその放射強度が$\frac{1}{683}$ワット毎ステラジアン(W/sr)※である光源の,その方向における光度」**と定められています。

うわ〜! フクザツですね。ともかく,1カンデラは,周波数540×10¹²ヘルツ(Hz)の,緑色の光が放射するエネルギーが基準になっているんですね。

そうです。ちなみにこの1カンデラの値は,特定の仕様のロウソク1本分を基準とする,かつての光度単位とほぼ等しいといわれているんですよ。

結局,昔とほぼ同じ結果になったなんて,面白いですね。ヒトの感覚もあなどれないですね!

※:ステラジアンは,ある広がり角(立体角)の単位。円錐状の角度範囲を仮定するなら半頂角32.8°程度の円錐内。

> **ポイント！**

1カンデラ（cd）

……ヒトの目が最も感度よくとらえることのできる波長 540×10^{12} ヘルツの光を，単位立体角（＝1ステラジアン）あたり683分の1ワットの放射強度である方向に放射する光源の，その方向における光度のこと。

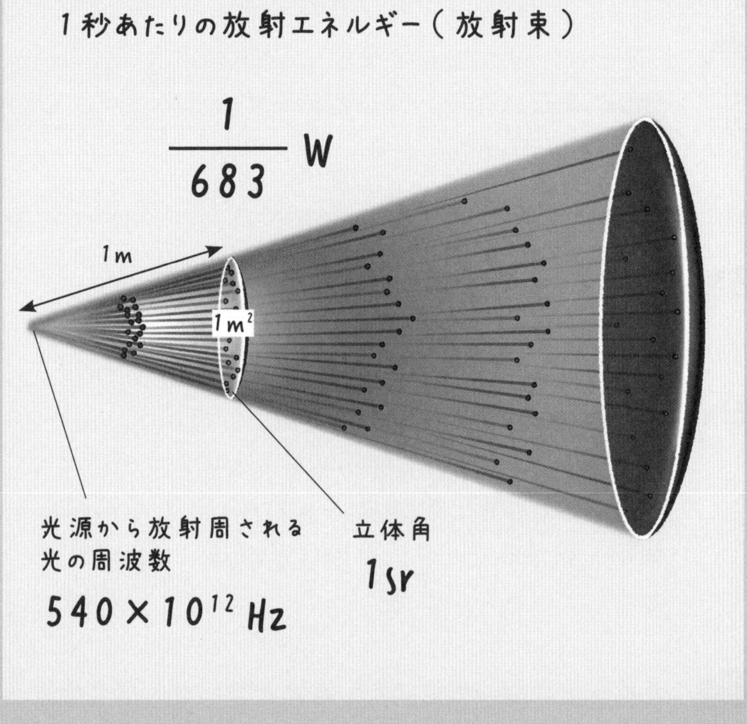

1秒あたりの放射エネルギー（放射束）

$\dfrac{1}{683}$ W

1m

1m²

光源から放射周される光の周波数
540×10^{12} Hz

立体角
1sr

基本単位が合体！組立単位

単位には，七つの単位を組み合わせてあらわされる「組立単位」といわれるものもあります。ここでは，基本の単位の組み合わせから生まれた独自の単位を見ていきましょう。

周波数の単位 1ヘルツは1秒間の波の数

STEP1で，七つの基本単位をご紹介しました。単位には，七つの単位のほかに，これらを組み合わせてあらわされる**組立単位**があります。
STEP2では，組立単位についてお話ししましょう。

STEP1でもいろいろ出てきましたね。「ニュートン」とか「ジュール」とか「ワット」とか……。

その通り。次のページの表を見てください。表の22個の組立単位は，国際単位系の中核となる組立単位です。
また，組立単位には固有の名前がついたものがたくさんあり，その多くはその単位にかかわった科学者の名前に由来しているんですよ。

変わった名前の単位が多いなあと思っていましたが，名前からとられているんですね！　なるほど。

組立量	組立単位の名称	名称の由来となった人名	単位記号	基本単位のみによる表現	ほかのSI単位を用いた表現
平面角	ラジアン		rad	m/m	
立体角	ステラジアン		sr	m^2/m^2	
周波数	ヘルツ	ハインリヒ・ヘルツ（1857〜1894, ドイツ）	Hz	s^{-1}	
力	ニュートン	アイザック・ニュートン（1642〜1727, イギリス）	N	$kg \cdot m \cdot s^{-2}$	
圧力, 応力	パスカル	ブレーズ・パスカル（1623〜1662, フランス）	Pa	$kg \cdot m^{-1} \cdot s^{-2}$	N/m^2
エネルギー, 仕事, 熱量	ジュール	ジェームズ・プレスコット・ジュール（1818〜1889, イギリス）	J	$kg \cdot m^2 \cdot s^{-2}$	$N \cdot m$
仕事率, 放射束	ワット	ジェームズ・ワット（1736〜1819, イギリス）	W	$kg \cdot m^2 \cdot s^{-3}$	J/s
電荷, 電気量	クーロン	シャルル・ド・クーロン（1736〜1806, フランス）	C	$A \cdot s$	
電位差, 電圧, 起電力	ボルト	アレッサンドロ・ボルタ（1745〜1827, イタリア）	V	$kg \cdot m^2 \cdot s^{-3} \cdot A^{-1}$	W/A
静電容量	ファラド	マイケル・ファラデー（1791〜1867, イギリス）	F	$kg^{-1} \cdot m^{-2} \cdot s^4 \cdot A^2$	C/V
電気抵抗	オーム	ゲオルク・ジーモン・オーム（1789〜1854, ドイツ）	Ω	$kg \cdot m^2 \cdot s^{-3} \cdot A^{-2}$	V/A
コンダクタンス	ジーメンス	ヴェルナー・フォン・ジーメンス（1816〜1892, ドイツ）	S	$kg^{-1} \cdot m^{-2} \cdot s^3 \cdot A^2$	A/V
磁束	ウェーバ	ヴィルヘルム・エドゥアルト・ヴェーバー（1804〜1891, ドイツ）	Wb	$kg \cdot m^2 \cdot s^{-2} \cdot A^{-1}$	$V \cdot s$
磁束密度	テスラ	ニコラ・テスラ（1856〜1943, クロアチア, アメリカ）	T	$kg \cdot s^{-2} \cdot A^{-1}$	Wb/m^2
インダクタンス	ヘンリー	ジョセフ・ヘンリー（1797〜1878, アメリカ）	H	$kg \cdot m^2 \cdot s^{-2} \cdot A^{-2}$	Wb/A
セルシウス温度	セルシウス度	アンデルス・セルシウス（1701〜1744, スウェーデン）	℃	K	
光束	ルーメン		lm		$cd \cdot sr$
照度	ルクス		lx		$cd \cdot sr \cdot m^{-2}$, lm/m^2
放射性核種の放射能	ベクレル	アントワーヌ・アンリ・ベクレル（1852〜1908, フランス）	Bq	s^{-1}	
吸収線量, カーマ	グレイ	ルイス・ハロルド・グレイ（1905〜1965, イギリス）	Gy	$m^2 \cdot s^{-2}$	J/kg
線量当量	シーベルト	ロルフ・マキシミリアン・シーベルト（1896〜1966, スウェーデン）	Sv	$m^2 \cdot s^{-2}$	J/kg
酵素活性	カタール		kat	$mol \cdot s^{-1}$	

表は国立研究開発法人産業技術総合研究所・計量標準総合センターの資料などを参考に作成

STEP2では，この中から比較的身近で，重要だと思われる単位を選び，ご紹介していきましょう。

お願いします！

さて，最初にご紹介する組立単位は，波に関する単位です。

波？

はい。水面を伝わる波をはじめ，音波，電波など，私たちのまわりにはさまざまな種類の「波」があふれています。光も，電波と同じ電磁波の仲間なのです。

なるほど，その波ですか。

波とは，「周囲に振動が伝わっていく現象」だといえます。音であれば，たとえばスピーカーで発生した空気の振動が次々と周囲の空気をふるわせて，空間を伝わっていきます。
一方，電磁波は，物質のない真空でも，電場と磁場の振動が連鎖的に発生しながら空間を伝わっていきます。

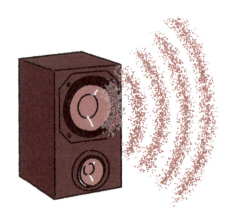

波って、私たちの生活にとてもかかわりの深いものなんですね。

その通りです。
これらの波の特徴をあらわす値として**周波数**（振動数ともいう）があります。**周波数とは、波に共通する基本要素の一つで、「1秒間に波打つ回数」のことです。つまり、「波打つ速さ」をあらわすのが周波数なんですね。**
周波数の単位は**ヘルツ**で、**Hz**とあらわします。
1960年に、国際単位系に周波数の単位として認定されました。Hzを基本単位であらわすと1/sあるいはs^{-1}です。

ポイント！

周波数の単位（Hz：ヘルツ）
……波が1秒間に波打つ回数。

波の基本的な構造

（山、谷、波長、振幅）

私たちが音を聞いたり，色を見分けたりするのは，周波数のちがいを感じ取っているということなんです。

たとえば，音は周波数の高い（大きい）ものほど，高く聞こえます。1オクターブ高い音は，周波数にして約2倍の差があるんですよ。

また，色は，可視光の周波数のちがいを色のちがいとして感じ取っているのです。

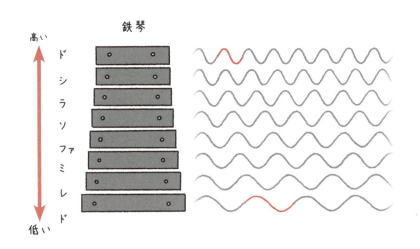

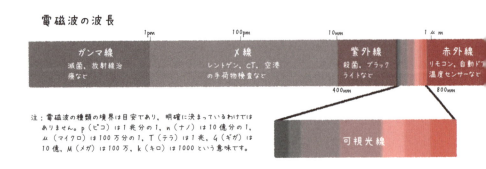

へええ～！ ふだん何も考えずに音楽を聴いたり画像を見たりしていましたが，そういうことなんですね。

また，電磁波には，可視光をはじめ，X線，紫外線，赤外線など，周波数のことなる波があります。**周波数が高いほど，波は広がらずにまっすぐ進みやすく，エネルギーも高くなります。**
この性質に応じて，私たちはそれぞれの電磁波を，通信や観測などで利用しているのです。

力の単位 1ニュートンは,物体を加速させる力

さて次は,力の単位についてご紹介しましょう。
「力いっぱい」,「力もち」など,私たちは,「力」という言葉をよく使いますよね。
そもそも「力」とは何でしょうか?

ええと,「力」ですか。そういえば,力って何だろう?
力もちっていうと,重量挙げの選手がまず浮かびますが……。

ふふふ。イメージは近いですね。
物理学の世界では,**力とは「物体を動かすもの」です。** これはいいかえると,**「物体を加速させるもの」**ということになります。
止まっている物体が動くということはつまり,速度的には加速していることになるからです。

「動かすもの(加速するもの)」ですか。
なるほど〜。確かに,力もちの人は,ふつうは動かせないものを動かせるわけですからね。

そうですね。そして，加える力が大きいほど，その物体は大きく動きます。つまり「加速度が大きくなる」ということになります。ということは，**「力は加速度に比例する」**といえます。

ふむふむ。

また，質量が大きいものほど，一定の加速度で動かすには，大きな力が必要になりますよね。

「質量とは，動かしにくさをあらわす」でしたね。

そうです。
つまり，「物体の質量と，それを一定の加速度で動かすために必要な力の大きさは比例する」ということになります。このことから，「物体に加える力」，「物体の質量」，「物体に生じる加速度」の関係をまとめると，**力＝質量×加速度**という式が成り立ちます。
この式は，**運動方程式**といいます。くわしくは3時間目にお話しします。

質量と加速度を組み合わせて，力をあらわすわけですね。

そうです。そのため，力の単位を基本単位であらわすと，質量と加速度のかけ算で$kg·m/s^2$となります（「・」は掛け算，「m/s^2」は加速度をあらわす）。
この単位は，万有引力を発見したイギリスの天才科学者**アイザック・ニュートン**（1642～1727）にちなんで，**ニュートン（N）**であらわされます。

現在，**1ニュートンは，質量1キログラムの物体の速度を，1秒間に1メートルずつ加速させる力**と定義されています。

地球には約9.8m/s²の重力加速度が生じていることがわかっています。重力加速度とは，地球の重力が地上の物体におよぼす加速度のことです。

これをニュートン（N）であらわすと，質量1キログラムの物質には，約9.8Nの力がかかっていることになります。日本では1999年から，力の単位にニュートンを使うようになりました。

> **ポイント！**
>
> N（ニュートン）
> ……物体を加速させる力の単位。
>
> 1ニュートン＝質量1キログラムの物体の速度を，1秒間に1メートルずつ加速させる力。

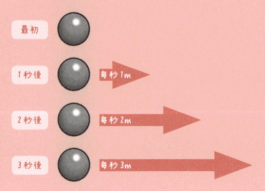

ポイント！

運動方程式

$$F = ma$$

F: 力　m: 質量　a: 加速度

アイザック・ニュートン
（1642〜1727）

物体の質量と、それを一定の加速度で動かすためにかかる力の大きさは比例する。

質量
質量が大きいほど、動かすのに力が必要。

加速度
質量が小さい方が加速度が大きい。

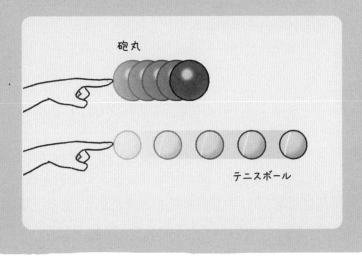

圧力の単位　1パスカルは，1平方メートルにかかる力の大きさ

次は圧力の単位をご紹介しましょう。
圧力とは，単位面積あたりにかかる力の大きさをあらわしたものです。
同じ圧力の場合，広い面積にかかるときよりも，せまい面積にかかったときのほうが圧力は大きくなります。

昔，満員電車でハイヒールを履いた女性に足を踏まれてめちゃくちゃ痛い思いをしたことがあります。かかとのない靴で踏まれたことは何度かありましたけど，それとは痛さの次元がちがいました。そういうことですよね。

それはお気の毒でしたが，そういうことですね。
現在，国際単位系では，圧力の単位としてパスカル（Pa）が使われています。
「1パスカルは1m^{2}の面に1ニュートン（N）の力がかかっているときの圧力」を意味しています。
基本単位であらわすと，kg/m・s^{-2}になりますね。

パスカルというと，よく天気予報などで，「中心の気圧は〇〇ヘクトパスカル」というのを耳にしますね。

そうですね。ヘクトパスカル（hPa）は気圧の単位です。「ヘクト」は，基礎となる単位の100倍を意味する国際単位系（SI）の接頭語です。つまり，ヘクトパスカルは，パスカルの100倍の大きさをあらわしているのです。

接頭語は1時間目でお話がありましたね！ こういうときに使われてるわけですね。

圧力の単位も，力の単位と同じように，国内で切りかわったのは最近のことです。ただ，圧力は現在でも，分野によってはことなる単位を使ってあらわされることが多いので，注意が必要です。

ポイント！

Pa（パスカル）
……単位面積あたりにかかる力の大きさをあらわす単位。

1パスカル＝1m^{2}の面に1ニュートン（N）の力がかかっているときの圧力。

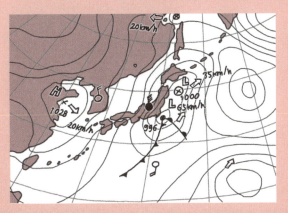

等圧線は，1000hPaを基準にして4hPaごとに引かれ，20hPaごとに太線でえがかれる。

エネルギーの単位　1ジュールは物体を押し動かすエネルギー

キログラムの定義についてお話しした際，**エネルギー**の単位が少し登場しました。ここであらためて，エネルギーの単位についてご紹介しましょう。

私たちは，何をするにもエネルギーが必要です。たとえば，お湯をわかすときにはコンロの熱エネルギーを利用します。自動車を動かすときにはガソリンのエネルギーを利用していますし，私たちの体も，食べ物からエネルギーを得て動いているのです。

食べ物のエネルギーといえば，カロリーですね！

そうですね。エネルギーの単位の一つは，おっしゃる通り**カロリー（cal）**です。

calは，最も身近な物質である**水**を基準としてできた単位で，**1カロリー（cal）は，1気圧（1atm：標準的な地表の気圧のこと）下で，水1グラムの温度を1℃上げるのに必要な熱エネルギー（熱量）**を意味します。

108

カロリーも水を基準にしていたんですね。

しかし，calという単位には問題もあったのです。というのも，厳密には，同じ1calでも何℃の水かによって，必要なエネルギー量がことなってしまうからです。
そこで1948年の第9回国際度量衡総会で，熱量の単位は**ジュール（J）**を使うことに決議されました。

ジュールは，キログラムのときに登場しましたね。

その通りです。**1ジュールは，「1ニュートン（N）の力で物を1メートル押し動かすのに必要なエネルギー」**を意味しています。
たとえば，私たちが荷物を押して動かすときのエネルギーは，**「力×距離（N・m）」**であらわすことができます。

なるほど。エネルギーは，シンプルに力と距離の掛け算なわけですね。

109

そうです。また,ジュールは,熱量だけではなく,あらゆるエネルギーの単位として使うことができます。
そもそもエネルギーとは,力を加えて物を動かす(物理学でいう「仕事をする」)能力のことです。
たとえば,動いている物は運動エネルギーをもち,ほかの物に衝突して動かす能力をもつのです。

ビリヤードの玉みたいなことですね。

そうですね。そして,**エネルギーは,"形"を変えることができます。**たとえば,床の上で物を動かすと,物の運動エネルギーは床との摩擦によって生じる**熱エネルギー**に変わります。
あるいは,火力発電では,燃料を燃やした熱エネルギーは,機械(タービン)を動かす**運動エネルギー**となり,最終的に**電気エネルギー**をつくりだします。

エネルギーは,あらゆるものに変身するんですね!

その通りです。このように,形態が変わるエネルギーの単位として,ジュールが誕生したのです。
また,**エネルギーは形を変えていきますが,その際のエネルギーの総量は変わらず,つねに保存されます。**これを**エネルギー保存の法則**といいます。
エネルギー保存の法則については,3時間目であらためてお話ししますね。

> **ポイント！**

cal（カロリー）

……1 カロリー（cal）＝1 気圧下で，水 1 グラムの温度を 1℃上げるのに必要な熱エネルギー（熱量）。

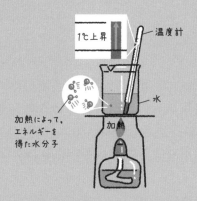

J（ジュール）

……1 ジュール＝1 ニュートンの力で物を 1 メートル押し動かすのに必要なエネルギー（仕事量）。

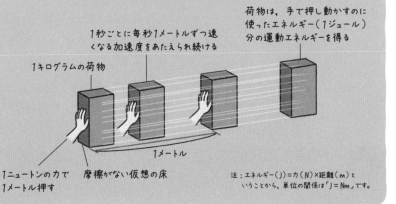

仕事率の単位 1ワットは，1秒間の仕事の量

先ほど，エネルギーとは，力を加えて物を動かす（仕事をする）能力とお話ししました。この「仕事をする能力」と関係がある単位として，**ワット（W）**があります。

ワットですか？　ワットというと，電球とか，電気関係の単位かと思っていました。

ワットは，必ずしも電気に限定した単位ではないんです。**家電製品などに表記されているワット（W）は，仕事の能率（物理学では仕事率）の単位で，1秒間にどれぐらいのエネルギーを消費するかをあらわす単位なんです。**

ワットって，そういう意味があったんですね。そこまでちゃんと知りませんでした。

具体的には，**1秒間に1Jのエネルギーを消費する（仕事をする）と，1ワット（J/s）となります。**
たとえば，今あなたがおっしゃった電球の場合，「100Wの電球は，1秒間に100Jの電気エネルギーを光や熱のエネルギーに変える」ということをあらわしています。また，1000Wの電子レンジを1分間（60秒）使うと，6万J（60kJ）のエネルギーを消費することになります。

仕事率と時間の掛け算で，エネルギーをあらわすわけなんですね。電化製品を選ぶときは重要なポイントになりますね。

そうです。ワットは,電力の場合,「電流(A)×電圧(V)」で計算できます。
また,電力に時間(h)をかけたものが電力量で,単位はワット時(Wh)となります。

なるほど〜。

ポイント！

W（ワット）
……1秒間にどれぐらいのエネルギーを消費するか（仕事率）をあらわす単位。

1ワット＝1秒間に 1Jのエネルギーを消費する仕事率。

ワット（W）は,電化製品にも電力の単位として表示されている。電力は,電圧（V）×電流（A）で計算でき,電圧と電流が大きいほど,仕事率は大きくなるが,消費エネルギー（電力量）も増える。

2時間目 世界を測る！単位

113

また，エネルギーに関連した単位である，ワットとジュール，カロリーは，単位を置きかえることができます。たとえば，私たちは，食べ物から1日におよそ2000kcal（8368kJ）を摂取します。これをワットで置きかえてみると，1秒間に100Jのエネルギーを消費する100Wの電球を，約23時間15分（ほぼ1日）点灯できる量に相当します。

面白いですね！　人が1日に取りこむエネルギー量と，100Wの電球の1日の消費エネルギー量がほぼ同じだなんてビックリです。

人が1日に取り込むエネルギー量（約2000kcal）は，100Wの電球の1日の消費エネルギー量とほぼ同じ。

電圧の単位　1ボルトは，電流が流れる"坂道"の高低差

先ほど，ワットは，電力の場合，電流（A）に電圧（V）を掛けたものとお話ししました。
ここで，電圧についてもお話ししておきましょう。電圧の単位は**ボルト（V）**といいます。

電化製品には，ボルトという表示もありますよね。

そうですね。アンペアのところでお話ししたように，電気が流れるということは，導体の中の自由電子の一部が，同じ方向にそろって流れる，ということです。
川の水は，高い場所から低い場所へ流れますよね。
実は電流も同じで，高いところから低いところに流れていくのです。

そうなんですか!?

ただし，流れる方向を決める高さは，川の水の場合は標高ですが，電気は**電位の高さ**なのです。

電位の高さ？

電気が流れる回路があるとします。**電位とは，その回路上の位置によってもたらされる単位電荷あたりのエネルギーのことで，プラスの極に近いほど電位が高くなるんです。**そして電気は，電位の高いところから低いところに向かって流れていく性質があるんです。

位置の高低差ではなく, エネルギーの高低差ってことなんですね。

そうです。そして, **電圧とは, 回路の中のある地点とある地点の電位の差のことなんです。**
この電圧の単位がボルト(V)で, **1ボルトは, 1アンペアの電流が流れる導線の消費電力が1ワットのときの, 導線の両端の電位差をあらわします。**
電圧が高い(電位差が大きい)ほど, 電流を流すはたらきも強くなります。

なるほど。この, 高低差といいますか, 電圧ってどんな効果をもたらすんですか?

電圧は, いわば電流の通り道に傾斜をつけて"坂道"をつくるようなもので, 電流を押しながす作用に該当します。落差が大きい水路ほど, 水が勢いよく流れますよね。それと同じで, 電圧が高い(電位の差が大きい)ほど, 電流を押し流すはたらきも強くなるわけです。

電圧は, 電流の強弱をもたらすものなんですね。電圧って, どうやってつくるというか, 生まれるんですか?

その電位差をもたらすものがこそが, **電池**や**発電機**なのです。
電池のプラス極とマイナス極では, プラス極のほうが電位が高くなります。このため二つの極を回路でつなぐと, 回路に"坂道"が生じて, 電流が, 電位の高いプラス極から, マイナス極のほうへと流れていくんです。

なるほど〜！ そういうことですか。電池や発電機＝電力を生みだすもの、っていうイメージでしたが、正確には、電位の高低差をつくって、電流を流す装置、ってことなんですね！

> **ポイント！**
>
> V（ボルト）
>
> ……電圧の単位。回路の中のある地点とある地点の電位の差をあらわす。
>
> 1ボルト＝1アンペアの電流が流れる導線の消費電力が1ワットのときの、導線の両端の電位差。
>
> 電圧と電流の関係は、水を例にするとわかりやすい
>
>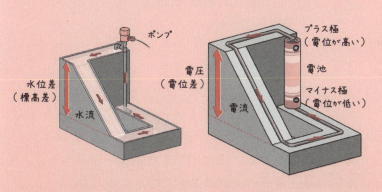
>
> ※：W/Aの分子と分母にそれぞれs(秒)をかけ算すれば、W・s＝J, A・s＝Cの関係から、V＝J/Cと書き直すことができる。

電気抵抗の単位 1オームは、電流の流れにくさ

もう一つ、電気にかかわる単位として、**オーム（Ω）**をご紹介しましょう。
オームは、電気の流れにくさをあらわす単位です。

電気の流れにくさ、ですか。電気が流れにくいって、一体どんな状態なんでしょうか。

導体を構成している金属を見てみると、一見整然と並んでいるように見えます。しかし、実はたえず振動しているんですね（導体については75ページ）。温度を上げていくほど、原子の振動はさらにはげしくなっていきます。

金属の原子を構成している電子は、自由に動きまわれるんですよね。マイナスの電荷をもっているので、電圧をあたえると、いっせいにプラス方向に向かって流れていくんでした。この流れが電流だと。

その通りです。
さて、そこに、電流が発生するとします。つまり、自由電子が原子から飛びだして、いっせいに流れだすわけですね。すると、自由電子を失った原子の振動はさらにはげしさを増し、なおかつ電子を失ったことでプラスに帯電していますから、流れてくる自由電子とぶつかります。その結果、電子の流れがさまたげられるんです。

電気が流れにくい、ってそういうことなんですね。

そうです。さらに、原子とぶつかることで、自由電子がもっていた移動用のエネルギーの一部が、金属原子が振動するためのエネルギーに使われてしまい、そのために電力のエネルギーの一部が熱として失われることになってしまうのです。これが、電気の流れにくさを生みだす原因です。

この流れにくさを**電気抵抗**といい、電気抵抗の大きさをあらわすのが、オーム（Ω）というわけです。

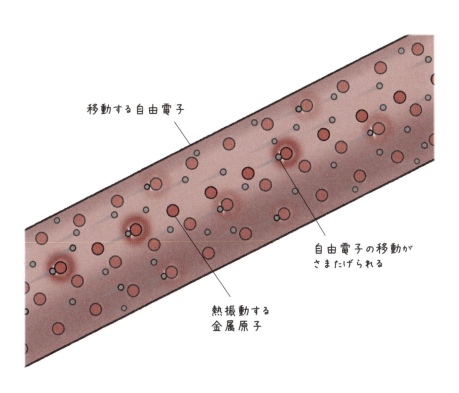

なるほど……。そんなことがおきているんですね。電気が流れるときには、電気抵抗はどうしてもおきてしまうものなんですか？

ええ。私たちが使う電気が導線を通じて送られてくるときには、電気抵抗がおき、**送電ロス**が生じているのです。この送電ロスの大きさは、電線の長さや太さによって変わります。

そうだったんですね。知りませんでした……。

このため、19世紀前半には、「1マイルの16番銅線」、「1キロメートルの直径4ミリメートルの鉄線」など、決められた種類と長さの金属線が、電気抵抗の基準に用いられていました。

電線の種類で基準を決めていたんですね。でも、それだと、誰にでも理解できるような共通の単位にはなりづらいのでは？

その通りです。
そこで現在では、1オームは「1Aの直流の電流が流れる導体の2点間の電圧が1Vであるときの2点間の電気抵抗（V/A）」といったように、電流と電圧を使って定義されています。
電気抵抗と電流、電圧には重要な関係があり、**オームの法則**といいます。オームの法則については、あとから説明しますね。

> **ポイント！**
>
> Ω（オーム）
> ……電流の流れにくさをあらわす単位。
>
> 1オーム＝1Aの直流の電流が流れる導体の2点間の電圧が1Vであるときの2点間の電気抵抗。

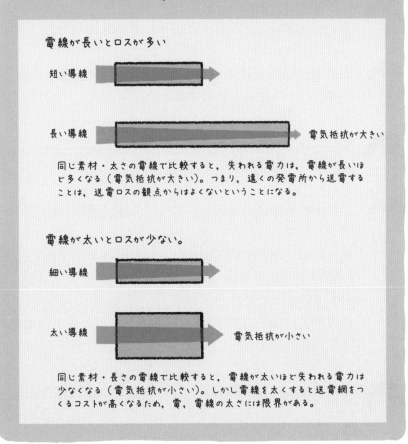

電線が長いとロスが多い

短い導線

長い導線　　電気抵抗が大きい

同じ素材・太さの電線で比較すると、失われる電力は、電線が長いほど多くなる（電気抵抗が大きい）。つまり、遠くの発電所から送電することは、送電ロスの観点からはよくないということになる。

電線が太いとロスが少ない。

細い導線

太い導線　　電気抵抗が小さい

同じ素材・長さの電線で比較すると、電線が太いほど失われる電力は少なくなる（電気抵抗が小さい）。しかし電線を太くすると送電網をつくるコストが高くなるため、電，電線の太さには限界がある。

磁束の単位 1ウェーバは，磁力線の束の強さ

ふだん気づくことはあまりないかもしれませんが，電気と並んで，**磁石**もまた，非常に重要な役割を果たしています。
磁石が引き付け合ったり反発したりする力を**磁力**といい，磁力にもさまざまな単位があるのです。

磁石の単位ですか……。
ほとんど意識したことはなかったですね。

小学校の理科の授業で，磁石のまわりに**砂鉄**をまいて，模様をつくったりした経験はないですか？

あります！　すごく不思議で，面白かったです。そういうのはよくおぼえてますね。

この砂鉄の模様は磁石から出ている**磁力線**に沿って並んでいるんです。
磁力線は，磁力をおよぼすことのできる空間である**磁場（磁界）**の向きをあらわしていて，その向きはN極から出てS極に入ります。
磁力の強い磁石の両端付近を**磁極**といい，砂鉄は磁極に密集しています。

あの模様は，磁力線のおよぼす磁場の向きをあらわしていたんですね。そういう大事な部分はすっかり忘れていました。

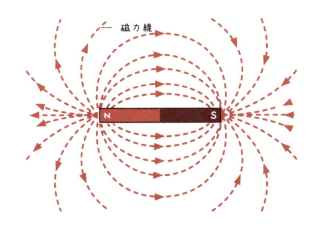

この磁力線の束を**磁束**といいます。磁束が密な場所ほど、磁力は大きくなります。

そして、この磁束の大きさをあらわす単位を**ウェーバ（Wb）**といいます。Wbは、「V・s」という単位をあらわします。**「1秒間でその磁束を0に変化させたときに発生する起電力（電流を駆動する力）が1ボルトであるときの、その磁束の大きさ」**と定義されています。

電圧と時間を掛け合わせたものですか。

いいところに気がつきましたね。そうなんです。**実は磁束の強さを変化させると、電圧が発生するんです。**
この現象を**電磁誘導**といいます。電磁誘導を利用すれば、**磁石と導体があれば、電気をつくることができるんです。**電磁誘導については、3時間目であらためてご説明しますね。

1ウェーバは,「1秒間で磁束を0に変化させたときに発生する起電力が1ボルトであるときの, その磁束の大きさ」と定義されています。

一方で,「単位面積あたりに, 1ウェーバの磁束がどれくらいあるのか」という, 磁束の密度をあらわす単位もあります。磁束の密度は**テスラ（T）**（Wb/m^2）」といい, **1テスラは,「磁束の方向に垂直な面1m^{2}あたりの1 Wbの磁束密度」**と定義されています。

ポイント！

Wb（ウェーバ）
……磁束の強さをあらわす単位。

1ウェーバ＝1秒間でその磁束を0に変化させたときに発生する起電力（電流を駆動する力）が1ボルトであるときの, その磁束の大きさ。

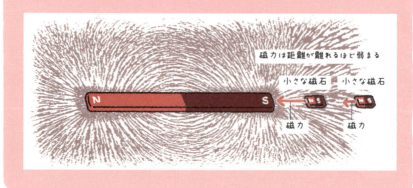

2時間目 世界を測る！ 単位

偉人伝❶

物理学の基礎を確立，アイザック・ニュートン

　アイザック・ニュートン（1642〜1727）は，1642年のクリスマスに，イギリスの農村ウールスソープで生まれました。アイザック少年はよく本を読み，機械じかけのものに興味をもったそうです。風車や日時計を自分でつくったといわれています。性格は物静かで，一人でいることが多かったそうです。
　ニュートンが17歳になろうとしたころ，母親は農場経営をつがせようとします。ところが，ニュートンが通っていた学校の校長をはじめ，彼の非凡な才能に気づいていた周囲の人たちは進学を強くすすめました。ニュートン自身も農場経営は性に合わなかったようで，羊を逃がしてしまうなど，失敗が多かったようです。

名門ケンブリッジ大学へ進学

　1661年，ニュートン青年は，農場をつがずに，ケンブリッジ大学のトリニティ・カレッジへ進学します。そこで，ガリレオ・ガリレイやルネ・デカルトといった，当時最先端の学者たちの本を熱心に読みました。また，天文学について強い興味をいだいています。ただ，夜ごと天文観測をおこなったせいで体調をくずしたり，太陽を直接観測してひどく眼を痛めたりしており，熱中の度が過ぎることもあったようです。

「驚異の諸年」がおとずれる

　1665年，ニュートンは故郷のウールスソープに戻りました。ペストの流行で大学が閉鎖されたためです。そこで数学

や物理学の研究に取りくみました。それが、科学史を塗りかえる三つの大発見につながります。その三つとは、「微分積分法」「万有引力の法則」「光の理論」です。

　ニュートンは数学と物理学のほか、「錬金術」や「神学」にも強い興味をいだいて、熱心に研究していたことが知られています。錬金術とは、さまざまな物質を化学的に金に変える方法のことです。ニュートンが書いた神に関する文書は、物理学や数学、天文学について書かれたものよりも多いといわれています。ニュートンは、物理学や数学のことを、神がつくった世界を読みとくための言葉だと考えていたそうです。1687年、歴史的大著『プリンキピア』が出版され、ニュートンは天才科学者として国際的な評価を高めました。

　最晩年は、結石の苦痛に耐える日々であったようです。ニュートンは微分積分学（calculus）をつくり、結石（同じく英語でcalculus）に悩まされたのです。生涯独身でした。

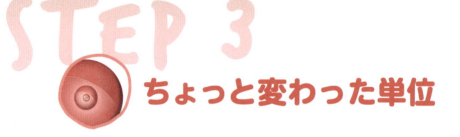

STEP 3 ちょっと変わった単位

国際単位系以外にも，日常生活や科学の世界にはさまざまな単位があります。地震の規模やダイヤモンドの重さ，パソコンの性能など，ちょっとユニークな単位を見てみましょう。

地震にも単位がある！「震度」と「マグニチュード」

STEP1では国際的に統一された基本単位を，STEP2では，基本単位を組み合わせた組立単位の代表的なものをご紹介しました。しかしこれ以外にも，私たちの生活空間や科学の世界には，さまざまな単位が存在しています。ここでは，そんな**ちょっと変わった単位**について，ご紹介しましょう。

面白そうですね。どんな単位があるんでしょう。

まずは，**地震**に関する単位です。日本は「地震大国」ともいわれていて，地震がとても多い国です。
地震があると，地震速報などで気象庁から地震の規模が伝えられますよね。その際に登場する**震度**と**マグニチュード（M）**が，地震の単位です。

日本人なら誰もが知っている単位ですね。

128

では、この二つのちがいはご存じでしょうか？

ああっ！　そういわれると、「震度」と「マグニチュード」って、どうちがうんだっけ？

まず「震度」ですが、これは**「地震によって、地表がどれくらい揺れたか」**を示しています。
一方マグニチュードは、**「地震そのものの大きさ（エネルギー）」**を数値化したものです。
ですから、一つの地震に対して、震度は各地でさまざまな値が出ますが、マグニチュードの値は一つです。

> **ポイント！**
>
> マグニチュード（M）
> 　地震そのものの規模の大きさ（エネルギー）を数値化したもの。
>
> 震度
> 　地震によって地表がどれくらい揺れたかを示す数値。
> 　同じ規模（マグニチュード）の地震でも、震源からの距離によって震度は変わる。

なるほど，そういうちがいだったんですね。
ところで先生，「どれぐらい揺れたか」って，誰がどうやってはかっているんですか？

不思議ですよね。
実は，気象庁が発表している震度は，かつては気象庁の観測官が体感で決めていたんですよ。

そうだったんですか!?「震度4？ いや3ぐらいかな」みたいな感じだったってことですか。

実際はわかりませんが，観測方法としてはそんな感じですね。しかし，この方法だと，観測官が不在の地域は観測できませんし，被害状況や聞き取りをおこなったうえで震度が決定されていたので，震度が出るまでに非常に時間がかかったのです。

大変だったんですね。

そこで，1996年からは，気象庁が独自の計測震度計を用いて揺れを計測し，計測震度を算出するようになったのです。現在，震度は合計で**10階級**あります。この震度階級は日本独自の指標で，海外ではまた別の震度階級が採用されています。
また，地震の揺れは，その場所の地盤の状況などでも変わるため，たとえば同じ町内でも場所によっては1階級くらいちがうこともありえます。

そんなに変わるんですね。

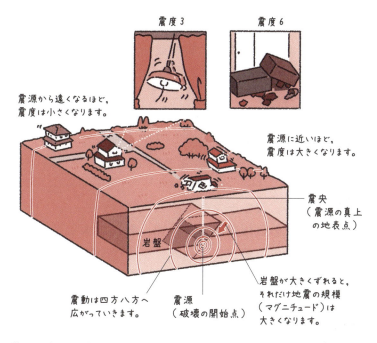

人の体感・行動，屋内の状況，屋外の状況　　出典：気象庁震度階級関連解説表

震度	人の体感・行動
0	人は揺れを感じないが，地震計には記録される。
1	屋内で静かにしている人の中には揺れをわずかに感じる人がいる。
2	屋内で静かにしている人の大半が揺れを感じる。眠っている人の中には目を覚ます人もいる。
3	屋内にいる人のほとんどが揺れを感じる。歩いている人の中には揺れを感じる人もいる。眠っている人の大半が目を覚ます。
4	ほとんどの人が驚く。歩いている人のほとんどが揺れを感じる。眠っている人のほとんどが目を覚ます。
5弱	大半の人が恐怖を覚え，物につかまりたいと感じる。
5強	大半の人が物につかまらないと歩くことがむずかしいなど，行動に支障を感じる。
6弱	立っていることが困難になる。
6強	立っていることができず，はわないと動くことができない。揺れにほんろうされ，
7	動くこともできず，飛ばされることもある。

一方, マグニチュードは, 現在は, 気象庁の計測震度計による揺れの最大振幅値を用いた方法と, 揺れの波形全体を用いた方法の2種類を使って算出されています。
前者を**気象庁マグニチュード（Mj）**, 後者を**モーメントマグニチュード（Mw）**といいます。

2種類の計測方法があるんですね。

はい。気象庁マグニチュードは, モーメントマグニチュードとほぼ同じ値を迅速に算出できます。この早さを利用して, 津波の予測などをすばやくおこなうことができます。ただし, 気象庁マグニチュードは, 巨大な地震では規模を過小評価してしまう可能性があるといいます。

すばやいけれど, 弱点もあるんですね。

一方, モーメントマグニチュードは, 岩盤がどれくらいの範囲でどれくらいずれたかという, 地震のおおもとの現象を推定して算出するため, 地震の規模をより正確にあらわすとされています。ただし, 小さな地震は計算できなかったり, 算出に時間がかかるなどの弱点もあります。ですから, 二つの算出方法を用いているんですね。

双方で補い合っているんですね。

マグニチュードは, 地震のエネルギーが約32倍大きくなると, 値が1上がるように定められています。つまりマグニチュードが2上がると, 1000倍（約32倍×約32倍）ものちがいが出るのです。

ええっ!?
1上がるだけでそんなにちがうんですか!?

はい。次の図は，マグニチュードの大きさを，球の体積であらわしたものです。

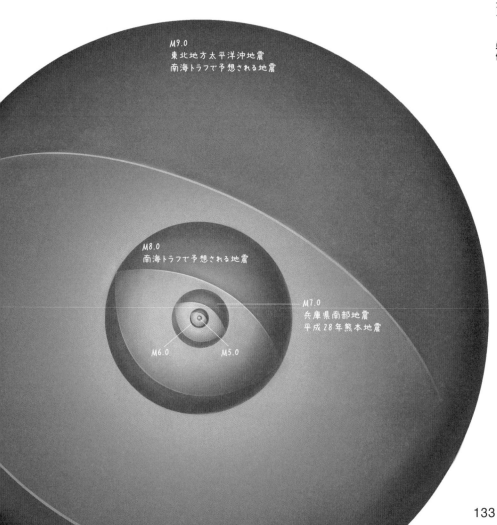

うわ……！
M6とM8は2階級しかちがわないのに、地震の規模はこんなにちがうんですか。「この前の地震と1しかちがわないのか」なんて思っていましたけど、とんでもないですね。

M7クラスの地震を**大地震**、M8をこえると**巨大地震**、M9をこえるものを**超巨大地震**とよぶことがあります。2011年に発生した東北地方太平洋沖地震はM9でしたから、いかに巨大な地震であったのかがよくわかります。

「情報の量」はどれくらい？「ビット」と「バイト」

さて次は、情報に関する単位についてご紹介しましょう。コンピューターや携帯電話を使っていると、ビット（bit）やバイト（byte）といった言葉がよく出てきます。これらは情報の量をあらわす単位です。

スマホやパソコンを買うときに、基準にしていますね。でも、あらためてバイトやビットとは？　って聞かれると、ちゃんと答えられないですね。

ある電気回路にスイッチがついているとします。この回路は、「スイッチを入れる」「スイッチを切る」の二つによって、「電流が流れている状態」と「電流が流れていない状態」の二つの状態をとることができます。
コンピューターとは、基本的には、このようなスイッチのオン・オフを無数に組み合わせることで、情報を取りあつかっているのです。
これが二進法といわれるものです。

ふむふむ。

このとき，**スイッチが一つだけの場合が，最も基本的な情報の単位となり，これが「bit」なのです。**
bitとは，**binarydigit**（二進法の1桁）を略したものです。スイッチのオン・オフのような二者択一の情報は，0と1の二つの数字だけを使った「二進法」に置きかえることができるため，このように名づけられたのです。

ビットが，まずは基本的な情報の単位ということなんですね。

次に「文字」という情報を取りあつかう場合について考えてみましょう。コンピューターで文字を取りあつかう場合，すべての種類の文字に対して，ことなる番号をあらかじめ定めておく必要があります。

すべての文字に番号を定めておく!?
そんなこと，大変じゃないですか!?

そう思いますよね。でも，そうでもないんですよ。
まず，1ビットで表現できるのは2通りの情報です。なぜなら，1ビットは「スイッチを入れる（＝1）」か「スイッチを切る（＝0）」だからです。
もしこの世に存在する文字がAとBの2種類だけであれば，1ビットですべての種類の文字に対応できることになります。

では、二進法でアルファベットを表記する場合には、何ビット必要かを考えてみましょう。
アルファベットは、大文字と小文字を区別すると52文字あります。52文字のそれぞれに二進法の数値（0と1のならび）を割り当てるには、最低6桁が必要になります（2^6＝64）。この情報量は6ビットということになります。

1ビットで2種類ですよね？　2ビットなら4種類、3ビットは6種類となるわけではないのですか？

いいえ、ちがうんです。
1ビットは、1桁の二進法の数、具体的には**「0」か「1」**の2通りの情報を表現できます。
2ビットは、2桁の二進法の数なんです。だから「0」と「1」ではなくて、**「00」、「01」、「10」、「11」**の4通りの情報を表現できるようになるのです。
そして3ビットは3桁の二進法の数と同じであり、**「000」、「001」、「010」、「011」、「100」、「101」、「110」、「111」**の8通りとなるんです。

ビットの数が一つ増えるごとに、2個ずつじゃなくて、2倍ずつになっていくんですね。

そうです。
そして、すべての種類の文字に対応するために必要なビット数が**1バイト（byte）**なのです。つまり1バイトで1文字をあらわしているというわけです。

6ビットだと，2^6で64だから，52種類の文字に対応できるというわけなんですね。

その通りです。しかし実際は，アルファベット以外に数字やさまざまな記号，特殊文字などを加えると，最低7ビット（$2^7 = 128$種類に対応）は必要です。
そして現在では，**8bit（$2^8 = 256$種類に対応）を標準とする方式が一般的で，1バイト＝8ビットが基準となっています。**

> **ポイント！**
>
> bit(ビット)
>   ……基本的な情報量の単位。二進法（binarydigit）の1桁をあらわす。
>
> byte（バイト）
>   ……すべての種類の文字に対応するために必要なbit数。1バイト＝8ビット。

1ビット …

1バイト …

2通り×2通り×2通り×2通り×2通り×2通り×2通り×2通り
= 256通り

「Newton」という単語の情報量
「N」「e」「w」「t」「o」「n」の六つの文字に割り振られた，
8桁の二進法の数を示しました。
1文字が1バイトの情報量であり，合計で6バイトとなります。

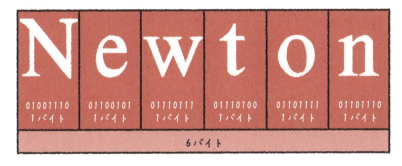

文字すべてに，マイナンバーみたいにナンバリングするわけなんですね。コンピューターってすごいしくみですね……。
でも先生，日本語はどうなんですか？ ひらがなやカタカナ，漢字とか，52文字どころじゃないですよね。

おっしゃる通り，日本語は文字数が多いですよね。そのため，2バイトで1文字を表現しています。**256 × 256 ＝ 65536種類**の文字に対応できることになります。

やっぱり，日本語は大変ですね！
ところで先生，コンピューターって，文字のほかに画像や映像もありますよね。それらの情報の量はどうあつかっているんでしょうか？

お，いいところに気づきましたね。実は，画像のデータもビットで表現できるんです。
コンピューターなどのモニターで表示されている画像は，小さな点の集まりでできています。この小さな点を**画素（ピクセル）**といいます。

画素数が多いほど鮮明な画像になるわけですね。ハイビジョンテレビやパソコンを選ぶときの基準になるものですよね。「驚異の200万画素を実現！」とか。

そうそう，それです。そして，この画素には一つ一つ色が指定されているのです。

ええっ！？ 一つ一つにですか？ 文字にナンバリングするのと同じしくみなんですね。
何だかすごい情報量になりそうですが……。

そうなんです。色の場合，文字とちがって，赤，緑，青という光の3原色について，それぞれ別々に色を指定する必要が出てきます。
色の指定は，コンピューターの機種などにもよりますが，3原色をそれぞれ256段階の階調に分けて指定する場合が多く，この各々の256段階が，8ビット（1バイト）の情報量に相当します。

つまり、モニター画面上で1画素を表現するには、3バイト分の情報が必要になり、そのとき表現できる色は256階調（赤）×256階調（緑）×256階調（青）＝1677万7216色となるわけです。

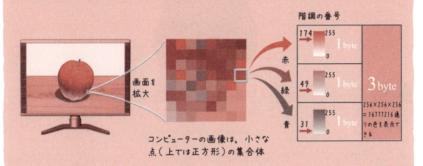

画面上の画像は1画素で3byte

コンピューターの画面上では、画像は小さな点（画素）の集合体として表現されている。一つ一つの画素は赤、緑、青の光の三原色からなり、それぞれが256段階の「階調」に分けて表現される場合が多い。この場合、一つの画素に3byte分の情報量が必要となる。

注：上はモニター画面上の表示の話であるが、画像データそのものも、基本的には画素ごとに色を指定する方式がとられている。ただし一つの画素が3byteとなるかどうかは、その画像の形式などによってもことなる。

すごい！
文字に比べて、画像の情報量ってとんでもない量ですね。

ダイヤは永遠の輝き!?「カラット」

続いては，宝石の代名詞ともいえる**ダイヤモンド**の単位をご紹介しましょう。ダイヤモンドは婚約指輪としてもとても人気がありますが，購入のご予定はありますか？

残念ながらありませんね。まあ，いつか，夜景のきれいな場所で，彼女の目の前でパカッと小箱を開いて……な〜んて妄想，いや計画していますよ！
でもダイヤモンドの単位なんて，きっとお高いですよね。

ハハハ！　ご紹介するのは価格の単位ではなく，ダイヤモンドの**品質**に関係する単位です。
さて，これまでに発見された中で最大のダイヤモンドは，南アフリカの鉱山で採掘された「カリナン」と命名されたダイヤモンドです。鉱山の持ち主の名前にちなんで名づけられました。原石の重さは621.2グラムもあったといいます。

うわ，巨大ですね！　指輪にはとうてい無理そうですね。

すごい大きさですよね。このような大きなダイヤモンドは，地下深いところに大量の炭素（ダイヤモンドの材料）が溶け込んだ液体が，じっくり時間をかけて結晶化し，成長してできたと見られています。
地球内部では，深くなればなるほど温度も圧力も上昇します。高い圧力と高い温度，そして長い時間がダイヤモンドの結晶の成長には不可欠なのです。

とてつもない時間がかかって大きくなったんですね。

そうですね。ところで，ダイヤモンドが市場で流通する場合，品質を評価するために**ダイヤの4C**とよばれる基準が使われているのをご存じですか？

いいえ，まったく知りませんね。

ダイヤの4Cとは，透明度を示す**クラリティ（Clarity）**，色を示す**カラー（Color）**，研磨の技術を示す**カット（Cut）**，そして大きさを示す**カラット（Carat）**の四つの頭文字を取ったものです。
この四つの基準をもとにダイヤモンドの品質が評価され，価値が決まるのです。

ふーむ。透明度や色合い，カッティングはわかりますけど，大きさの「カラット」ってどういう意味ですか？　グラムではないんですか？

カラット（car, ct）とは，正確にはダイヤモンドの質量をあらわす単位で，1カラットは0.2グラムに相当します。

もともとは、ダイヤモンドを計量するときに用いられていた「カロブ」という名前の豆が語源だといわれているんですよ。

豆の名前、ですか。ダイヤモンドと豆だなんて、意外な関係ですね。

ちなみに、先ほどお話しした世界最大のダイヤモンド「カリナン」は、3106カラットです。
余談ですが、カリナンは採掘された後、最終的にいくつかにカットされて、イギリス王室に伝えられています。

ひええ〜！
イギリス王室ですか……。いろいろな意味で桁外れのダイヤモンドですね。

ポイント！

カラット（car, ct）
……ダイヤモンドの質量をあらわす単位。
1カラット＝0.2グラム

"天文学的"な宇宙の単位「天文単位」「光年」「パーセク」

「桁外れ」といえば，続いては**宇宙の広さ**に関する単位をご紹介しましょう。
宇宙は桁外れに広大です。このため，国際単位系のメートルであらわそうとすると，数値が極端に大きくなってしまうので，特別な単位が用いられているのです。

本当の意味で桁外れですね。
宇宙の単位といえば**光年**でしょう！　それぐらいは私も知ってますよ。

その通りです。光年は宇宙における距離をあらわす単位です。しかし，宇宙の距離をあらわす単位には，光年のほかに**天文単位（Astronomical Unit）**や，**パーセク（parallax of one arcsecond）**があるんです。

えっ，そんな単位があったなんて知りませんでした。

一つずつ見ていきましょう。
まず，**「天文単位」は，太陽と地球の距離を基準とする単位です。**地球は太陽のまわりを，真円に近い楕円軌道でまわっています。そこで，はじめはこの楕円軌道の長いほうの半径（長半径）が，1天文単位として決められました。

ふむふむ。

一方,「**惑星の運動は,公転周期の2乗が楕円軌道の長半径の3乗に比例する**」という法則があります。
これはドイツの天文学者**ヨハネス・ケプラー**(1571〜1630)が発見した**ケプラーの法則**の第3法則で,惑星が太陽のまわりをまわっている公転の周期と,その楕円軌道の長半径は数学的な関係があることを意味しています(260〜261ページ)。

楕円軌道に,物理の法則があったわけなんですね。

そうです。つまり,地球から太陽までの距離を正確に測定できなくても,地球の楕円軌道の長半径を1天文単位としてケプラーの法則にあてはめれば,地球を基準にしてほかの惑星の軌道も相対的に計算できるようになったんです。そして,1976年の国際天文学連合(IAU)で,**1天文単位の定義は,「質量は無視できるほどだが太陽からの重力は受けている仮想的な粒子が,太陽のまわりを完全な円軌道で,365.256 898 3日の周期でまわるときの半径**」として定義されたのです。
さらに,数値を固定するために,2012年のIAUで,「**1天文単位は1495億9787万700メートル(1億4959万7870.7キロメートル)**」と定義されました。

ひゃああ〜! とんでもない距離ですね。

次に,あなたが先ほどおっしゃった**光年**を見てみましょう。光は,真空中を**秒速2億9979万2458メートル**の速さで進みます。これは,1天文単位をわずか**約499秒(約8分19秒)**で進む速さです。

うう，めまいが……。1495億9787万700メートルをたったの8分！　こうして数字を見せられると，光って速いという表現では足りないぐらいですね。

そうですね。**光年とは，光が真空中で1年間に進む距離をあらわし，1光年は9460兆7304億7258万800メートル（9兆4607億3047万2580.8キロメートル）に相当します。**

もはや想像もつかない数字です。

ある天体までの距離を光年であらわすと，その天体から何年前の光が届いているのかを知ることができます。
たとえば，5光年の距離にある天体から届く光は，5年前の光ということになるわけです。

5年前の光かあ……。何だかロマンを感じるなあ。

さて，三つ目の**パーセク**を見てみましょう。
たとえば，電車で風景を眺めていると，近くのものは通り過ぎて見えなくなるのに，遠くの山々はずっと同じ位置に見える，という現象がありますよね。

ああ，わかります。

これと同じ原理で，ある天体を観測しているとします。地球は公転しているので，たとえばこの天体を半年後に観測すると，その星の位置が，半年前とは少しずれた位置にあるように見える，という現象がおこります。

このとき，地球の公転半径を基準にずれの大きさを角度であらわしたものを**年周視差**といいます。

ふむふむ。

年周視差

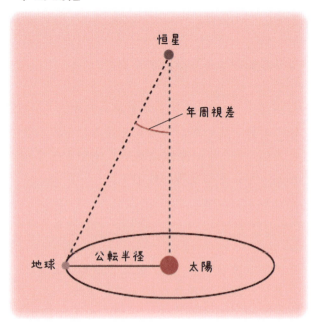

年周視差がわかれば，それをもとに，その天体への距離を計算することができるので，太陽系の外にある天体への距離も計算することができるんです。
そしてパーセクとは，年周視差をもとにした距離の単位で，1パーセクは，年周視差が1秒角（3600分の1度）になるときの，太陽からの距離をあらわします。

計算がフクザツそうですが……，天文学には欠かせない単位なんですね。

その通りです。現在では，1パーセクは，**約3京856兆8000億メートル（30兆8568億キロメートル）** にあたります。

うわ～！
ついに「京」が登場した……。
こうしてみると，天文単位，光年，パーセクの順に単位が大きくなっているみたいですね。

いいところに気づきましたね！
天文単位は太陽系の天体の距離をあらわしたり，太陽系とほかの惑星系を比較したりする際に使われます。
一方，光年とパーセクは，主に太陽系の外の天体の距離をあらわすときに使われます。

光年以外は初耳でしたね。

そうかもしれません。光年は一般的に使われるのに対して，研究でよく使われるのはパーセクなんです。
なぜなら，研究では，近くの天体の距離は年周視差から計算するため，パーセクを使うほうが便利だからなんです。また，年周視差を正確に測定できないほど遠くの天体の距離も，その近くの天体の距離をもとに推定するため，パーセクを使うことが多くなるんですね。

ポイント！

宇宙における距離の単位

天文単位（au）
……地球の楕円軌道の長半径。

1天文単位＝1495億 9787万 700メートル

光年
……光が真空中で1年間に進む距離。

1光年＝9460兆 7304億 7258万 800メートル

パーセク（pc）
……年周視差をもとにした，太陽からの距離。1パーセクは年周視差が1秒角（3600分の1度）になるときの，太陽からの距離。

1パーセク＝約 3京 856兆 8000億メートル

天文単位
もともとは、地球の楕円軌道の長半径を1天文単位とした※。

1天文単位
（1天文単位＝1495億9787万700メートル※
　　　　　＝約1億5000万キロメートル）

太陽　　　地球

1光年

光

（1光年＝9460兆7304億7258万800メートル
　　　　＝約9兆4607億キロメートル＝約6万3241天文単位）

パーセク
「年周視差が1秒角になるときの太陽からの距離」が1パーセク。

地球
太陽
地球

1パーセク
年周視差が1秒角（1秒角＝3600分の1度）
天体

（1パーセク＝約3京856兆8000億メートル
　　　　　＝約30兆8568億キロメートル＝約3.26光年＝約20万6265天文単位）

※：1976年のIAUでは、1天文単位の定義が見直され、「質量は無視できるほどだが太陽からの重力は受けている仮想的な粒子が、太陽のまわりを完全な円軌道で、365.2568983日の周期でまわるときの半径」と決定された。その値は、2009年のIAUでは、「1天文単位＝1495億9787万700メートル」と発表された。
さらに、2012年のIAUでは、「1天文単位は1495億9787万700メートル」と定義して、数値を固定することが決定された。つまり今後、1天文単位のメートル単位での数値は、変わらないこととなった。なお、太陽と土星の距離は、およそ10天文単位である。

2時間目　世界をはかる！　単位

151

3

時間目

「原理」と「法則」で世界を知ろう！

STEP 1

「運動」と「波」の法則

単位と密接な関係にあるのが，"自然界のルール"ともいえる法則や原理です。その中でも，「運動」と「波」の法則は，さまざまな自然現象にかかわっています。

落体の法則 羽毛と鉛，どちらが先に落下する？

2時間目までは，いろいろな単位を見てきました。単位とは，「物を比べたりはかったりするときに必要な，基準となる"量"のこと」とお話ししました。
物の質量や長さなど，世界共通の厳密な基準があってはじめて，私たちは地球，および宇宙についてさまざまな研究をおこない，共有することが可能になります。

ふだん何気なく使っている単位にはそれぞれ，とんでもなく厳密な定義づけの歴史があると知って，本当に驚きました。

そうでしょう。
そして，単位とともに，自然界の謎を解き明かすために欠かせないものが，**法則や原理**です。**新たに法則や原理が発見され確立すると，それまで無関係で独立と思われていた単位も，たがいに関係づいたり，一方から導けるようになったりします。**

へええ……。法則や原理は，**自然界のルール**のようなものだというお話でしたね。自然界に新たなルールが見つかると，独立の基本の単位の数は減っていく，ということですか？

その通りです。自然界にさまざまに存在しているルールは，物の質量や長さ，時間など，厳密に定義づけされた数値を使うことで説明することが可能になります。
また，自然の探求が進み，自然界のルールが新たに見いだされたら，それまで無関係だと思われていた単位も相互に関連することになり，独立な基本的な単位の数としては少なくなって，より単純になるんですね。

だから，「単位」と「法則や原理」には密接な関係があるわけなんですね。

そうなんです。
3時間目では，この自然界に存在する，さまざまな原理や法則について，「運動と波」，「電気や磁石」，「宇宙」のジャンルに分けてご紹介していきたいと思います。

むずかしそうですけど，ちょっと**ワクワク**してきました。

いいですね！　それではまず，「運動」にかかわる法則からはじめましょう。

よろしくお願いします！

まずは,物の落下に関する重要な法則を紹介しましょう。ここで質問です。同じ高さから,<u>鉛</u>のかたまりと<u>羽毛</u>を落としました。どちらが先に地面に落ちたでしょうか？ただし,空気はないものとします。

当然鉛でしょう！ 羽は軽いですから,空気がないとはいえ,鉛よりはゆっくり着地すると思います！

ふふふ。実は,空気がない状態だと,鉛も羽毛も同じ速度で地面に落下するんです。

そうなんですか!?

ええ。この問題は,古代ギリシャの科学者**アリストテレス**（紀元前384〜前322）にさかのぼります。
この問題について,アリストテレスもあなたと同じように,「重いものほど速く落ちる」と考えたのです。

アリストテレス
（紀元前384〜前322）

そして、このアリストテレスの考えに異をとなえたのが、16〜17世紀にイタリアで活躍した天文学者**ガリレオ・ガリレイ**（1564〜1642）です。

ガリレオは、重い物ほど速く落下するならば、もし鉛と羽をひもでつないで落とした場合、羽の重さがブレーキとなって、鉛は単体で落としたときより遅く落ちるはずだと考えました。一方で、鉛は羽の重さが加わるため、単体で落としたときより速く落ちることも考えられたのです。つまり、矛盾が生じたわけなんですね。

ですからガリレオは、「重いものほど速く落ちるのはまちがいだ」と考えたのです。

そんなこと、よく思いつくなあ。

そしてガリレオは、「鉛よりも羽がゆっくり落ちるのは、羽が空気抵抗を受けるためであり、空気がない状態なら、重い物も軽い物も本来は同じ速度で落下するはずだ」と考えたんです。

ガリレオ・ガリレイ
（1564〜1642）

このガリレオの考えは，のちに真空ポンプが開発された際に実験がおこなわれ，実証されたのです。

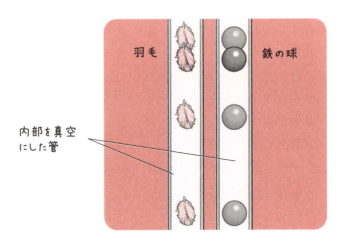

すごい！

さらにガリレオは，物体が落下するようすを実際に調べようと考えました。しかし，垂直に落下する物体（落体）は速いので，時間ごとの落下距離をはかることはとてもむずかしいことです。
そこで，斜面を転がる球で，落下運動の研究をおこなったのです。

確かに，坂道なら転がる様子が見えますもんね。

ガリレオは，溝のある6メートル前後の長い木で斜面をつくり，そこに真球（わずかな狂いもない球体）に近い銅合金の球を転がし，球が転がる距離を計測しました。この方法で，斜面の角度を徐々に大きくしていき，最終的に垂直にすれば，それが落下運動になるわけです。

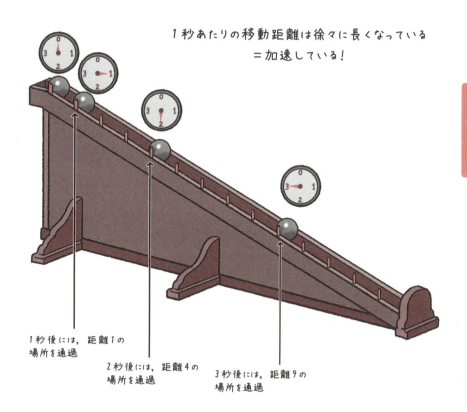

すごいアイデアですね。
一体どんな結果が得られたんでしょう。

ガリレオは一定時間ごとに球が通過する時間を調べました。その結果，**「物体の落下距離は，経過時間の2乗に比例する」**という結論に達したのです。つまり，物体を落下させて，1秒後の落下距離を1とすると，2秒後には距離が4（2^2），3秒後には距離が9（3^2）になるわけです。これは物体の質量にはよりません。
これが，**落体の法則**です。

> **ポイント！**
>
> 落体の法則
> 　物体を落下させたとき、その物体の質量に関係なく、落下距離は経過時間の2乗に比例する。
>
> 　　物体の落下距離 $= \dfrac{1}{2}gt^2$
> 　　（垂直落下時）
> 　　　g：1秒間に速度が増える割合
> 　　　　（重力加速度）
> 　　　t：時間（単位 s：秒）
>
>
> 羽毛　鉄の球

「落体の法則」か〜！
授業で習ったことだけは覚えています。

そして、**落体の法則は、斜面の角度に関係なく成り立つこともわかりました。**
つまり、垂直落下も"傾き90度の斜面からの落下"と考えることができ、同じ法則が成り立つわけです。

なるほど〜！

また、落体の法則によると、物体の質量は関係ありませんから、**空気抵抗さえなければ、軽い羽毛も重い鉄球も、同じように落下するのです。**

慣性の法則 ずっと同じスピードで進み続ける

私たちの身のまわりで見られる「物の運動」のしくみを解き明かす法則をまとめ上げ，現代物理の礎を築いたのが，イギリスの天才科学者**アイザック・ニュートン**（1642〜1727）です。

アイザック・ニュートン
（1642〜1727）

ニュートンといえば，木からリンゴが落ちたことから発想したという，「万有引力」ですね。

そうですね。でも，それだけではなく，ニュートンは，ガリレオ・ガリレイなどの先人達の研究成果を引き継ぎ，**ニュートン力学**という，物理学の基礎ともいえる分野を確立したのです。

ニュートン力学，ですか。

はい。ニュートン力学は，高校の教科書では単に**力学**とされていたと思います。

力学は，私たちの日常生活で見られる「物の運動」を解き明かす科学です。物の運動には，雨粒の落下から惑星の運動といった，自然界のほとんどすべての物体の運動が含まれます。つまり，ニュートン力学によって，身のまわりから宇宙まで，さまざまな物の運動を説明することができるんです。**ニュートン力学はいわば，物理学全体，さらにいえば近代科学の出発点ともいえるのです！**

ニュートン力学がなかったら，自然現象は解明されてなかったかもしれないわけですね。

そうですね。そして，そのニュートン力学が土台にしているのが，**運動の3法則**です。
運動の3法則とは，**慣性の法則，運動方程式，作用・反作用の法則**の三つです。これらの三つの法則は，ガリレオなど，ニュートンより前の時代の科学者たちによって，ある程度確立されていたと考えられます。ニュートンはさらに**万有引力の法則**を発見し，これらの法則と結びつけることで，自然界のあらゆる運動を解き明かすことに成功したんですね。

ふうう……。偉大すぎますね。ニュートンは力の単位の名前にもなっていましたね。

その通りです。さて，前置きがかなり長くなってしまいましたが，まずは「運動の3法則」の第1法則である**慣性の法則**からご紹介しましょう。

お願いします！

たとえばあなたが、冷蔵庫を押して移動させるとします。重いのでかなり苦労しましたが、冷蔵庫は何とか少しずつ動きはじめました。

さて問題です。ここで、冷蔵庫を押すのをやめます。すると冷蔵庫はどうなりますか？

えっ？　問題も何も、押すのをやめたのだから、冷蔵庫は当然動かないでしょう。

その通りです。押すのをやめれば動きはすぐに止まるはずですよね。つまり「力を受け続けなければ、物体の動きは止まる」ということになります。これは日常生活から、感覚として理解できますよね。そして実際、古代ギリシャの科学者アリストテレスもそう考えていました。

そりゃそうです。常識ではないですか。

では今度は，あなたにカーリングの選手になってもらいましょう。つるつるの氷の上でストーンを押して，手を離します。さて，ストーンはどうなりますか？

いやいや，質問するまでもなく，ストーンはスーッとすべっていきますね。

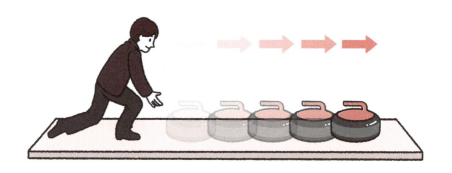

そうですよね。
この場合，ストーンが手から離れ，手からの力を受けていない状態になった後も，ストーンは止まらずに動いていきます。
ということは，これは先ほどの「力を受け続けなければ，物体の動きは止まる」という"常識"とは逆の現象ですね。

だ，だってつるつるの氷の上ですよね？
すべっていくのは当然じゃないですか。
これも"常識"ですよ！

確かにそうです。
しかし実は，**物体は本来，ほかから力を受けない限り，その運動の方向と速さを変えることはありません。**これを，慣性の法則といいます。
ですから，氷の上をすべるストーンのほうが，物体の本来の運動に近いんです。

そうだったんですか？

はい。ただし現実には，氷の上をすべるストーンもいつかは動きが止まります。これは氷とストーンの間にわずかに摩擦力がはたらいていて，ストーンの動きをさまたげているからです。
摩擦力は，氷とストーンの場合だけではなく，さまざまな場面ではたらいています。たとえば先ほどの冷蔵庫の場合は，床と冷蔵庫の間の摩擦力が大きいため，冷蔵庫を押す力がなくなると即座に動きが止まるわけです。

なるほど！　そういえば，引っ越し屋さんが重い家具と床のあいだに毛布をかませてすべらせたりしますね。

そうですね。
もし摩擦力がまったくはたらかない条件で冷蔵庫やストーンを動かせば，ほかに力を受けない限り，どちらも一定の速さでまっすぐに進み続けることになります。

物理って不思議ですねえ……。
摩擦力のせいで，私たちの常識はちょっとゆがんじゃっていたのですね。

慣性の法則はニュートン力学の土台の一つですが，17世紀に，ガリレオや，フランスの哲学者・科学者**ルネ・デカルト**（1596〜1650）によって発見されました。
それまでは「力を受け続けなければ，物体の動きは止まる」というアリストテレスの考え方が常識だとされていたのです。

紀元前から17世紀かぁ……。約2000年ものあいだ常識だと思われていたことがくつがえされたわけなんですね。すごいなあ。

また，**静止している物体は，ほかから力を受けなければ静止したままです。ですからこれも慣性の法則にしたがっている，ということになります。**
ちなみに，慣性の法則は日常的に体験しているものです。あなたも日常生活の中で体験していると思いますよ。

えっ，どういうことですか？

電車やバスに乗っているとき，ブレーキがかかると，つんのめってしまうでしょう。
これは，一定の速度で走っている乗り物が減速すると，乗っている私たちの体は，慣性の法則にしたがって，そのまま前に進もうとします。そのため，乗り物の進行方向に向かってつんのめることになるのです。

なるほど〜！
そういうことだったんですね。

> **ポイント！**

慣性の法則
　物体は、ほかから力が加わらない限り、その運動の方向と速さは変わらない。

慣性の法則は、日常的に体験している。

一定速度で走行中のバス

バスが一定速度で走行しているとき、バスと乗客の速度は一致している。

バスがブレーキをかけて減速すると？

バスが減速しても、乗客はそれまでと同じ速度で運動を続けようとする。そのため、進行方向へつんのめる。

運動方程式 加速度は力に比例し，質量に反比例する

次に，運動の第2法則**運動方程式**を見ていきましょう。**運動方程式とは，力を受けた物体がどのように運動するかについての法則を式であらわしたものです。**
この方程式を用いれば，投げたボールの軌道から人工衛星の軌道まで，さまざまな物体の運動を予測することができるのです。

どんな物体の動きも予測できるんですか!?

そうなんですよ。この運動方程式を理解するには，まず**力**について理解しなくてはいけません。
1時間目で，力とは何か，および，力の単位**ニュートン（N）**についてお話ししました。その内容を振り返りながら，ご説明していきましょう。

お願いします！

1時間目で「力とは，物体を動かすもの」とお話ししました（102ページ）。
「物体を動かす」とは，「物体の運動の速度が変わる」ということです。そして，運動の速度が変わることを，物理学では「加速度が生じた」とあらわします。
これは減速する場合も同じで，動きが止まった場合も「加速度」という言葉を使います。

「加速」というと，速度が上がることをイメージしてしまいますけど，**上がろうと下がろうと，運動の速度の変化をひっくるめて「加速」というわけなんですね。**

その通りです。**加速度とは，一定時間における速度の変化量のことなんです。**
さて，慣性の法則でお話ししたように，動いている物体は，力をかけなくても同じ速度で動き続けます。
カーリングのストーンを投げるとき，ストーンは手から力を受けて，加速度が生じて氷の上を進みはじめます。そして手から離れると，慣性の法則にしたがって，つるつるの氷の上をほぼ同じ速度で進み続けます。しかしやがてストーンは途中で止まります。これは摩擦力が，ストーンの運動速度をゼロに変えたからです。

ふむふむ。両方とも加速度が生じたわけですね。

そうです。そしてこのとき，加えられた力と生じた加速度との間には，**物体にかかる力が大きいほど，物体に生じる加速度も大きくなる**という法則が成り立つのです。これが，力と加速度の重要な関係です。

投げる勢いが大きいほどストーンは速くなるし，氷がなめらかでない（摩擦力が大きい）ほど，ストーンは急激に遅くなる，ということですね。

その通りです。
ここでいう加速度とは，「1秒あたりの速度の変化量（速度÷時間）」をあらわします。
さて，物体の運動には力と加速度のほかにもう一つ，忘れてはならないものがあります。それは物体の**質量**です。同じ大きさの力がはたらいたとしても，質量によって，生じる加速度はことなるのです。

質量は，「物体の動きにくさ」のことでしたよね。
確かに，駅まで自転車を使ってるんですけど，かごに重い荷物を乗せているときは，いつもより力を入れてペダルをこがないといけないし，ブレーキをかけても止まりづらいかも……。

そうでしょう。
つまり，重い（質量が大きい）物体ほど，加速しにくいわけです。
同じ大きさの力がはたらいていても，質量が2倍になれば，加速度は2分の1になります。つまり，**加速度は質量に反比例する**ともいえるわけです。

ふむふむ。

これらをまとめると、**「物体に生じる加速度は、はたらいている力に比例し、質量に反比例する」**という法則が成り立ちます。そして、質量をm、加速度をa、力をFとして式にあらわすと、$F = ma$という方程式ができます。これが運動方程式です。

つまり、物体の質量と、物体にどのような力がはたらいているかがわかれば、運動方程式で物体の加速度を求めることができ、そこから物体がどのような軌跡をえがいて運動するかが予測できるというわけです。

> **ポイント！**
>
> 運動方程式
>
> $$F = ma$$
>
> F：力　　m：質量　　a：加速度
>
> 物体の質量と、それを一定の加速度で動かすためにかかる力の大きさは比例する。
>
> 加速度
> 　一定時間における速度の変化量。

作用・反作用の法則　力をおよぼす側と受ける側は常に対等

続いて，運動の3法則の三つ目，**作用・反作用の法則**をご紹介しましょう。
なお，ここでいう**作用**とは，**力**のことです。

はい。「力」がどういうものなのか，だいぶわかってきました。

いいですね！
ところで，むしゃくしゃして，思わず壁をこぶしで殴ってしまい，痛い思いをしたという経験はありませんか？

まあ，長く生きていれば，そんなことは何度かありますね。
なぐってから「痛ぇ！」となってよけいにむしゃくしゃしたりして……。

その痛みは，あなたのこぶしが壁に対して力（作用）をおよぼしたのと同時に，壁がこぶしに対して，同じ大きさの力（反作用）をおよぼしたからです。
つまり，なぐったほうも，なぐられたほうと同じ大きさの力を，かならず受けているのです。

ええ～！　そうだったんですか！
じゃあ，八つ当たりして素手で壁を殴るなんて，すごくバカバカしいことだったんですね。

172

そうですね。これは、**作用・反作用の法則**といい、**物体Aが物体Bに力（作用）をおよぼすとき、物体Bも物体Aに同じ大きさで正反対の向きの力（反作用）をおよぼす**のです。

つまり、力をおよぼす側と力を受ける側は、常に"対等"なんです。そしてこの関係は、どんな状況、どんな力の場合でも例外なく成り立ちます。

ドラマなんかで、「今お前が殴られた痛みは、俺の痛みでもあるんだ！」というのは、つまり作用・反作用の法則というわけなんですね。

その通りです。

ほかにも、テニスボールをラケットで打ち返すとき、その反作用はラケットを通してしっかりと感じることができます。また水泳のクイックターンは、壁を蹴る力の反作用を使って方向転換をしているわけです。

それから、私たちが歩いたり、車が道路を走るのも、地面を蹴る反作用を使っているのです。

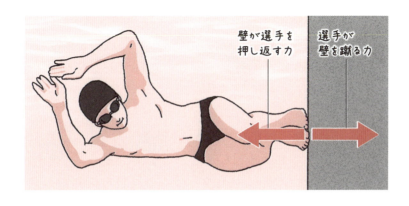

私たちのいろいろな日常の活動って，作用・反作用の法則で成り立っているんですねえ。

それだけではありません。離れた物体どうしにはたらく力でも，この法則は成り立つんです。

離れた物体？

たとえば，私たちの体は地球の中心に向かって，重力（万有引力）で引っ張られています。しかし，地球もまったく同じ大きさの力で，人の体に引っ張られているのです。

理屈ではわかりますが……，でもそんな感じはしませんね。地球が人の体に引っ張られているなんて，ちょっと想像できません。

それは地球が非常に重い（質量が大きい）ため，人の体程度の力ではほとんど動かない，つまり「加速度が生じない」から，ふだんは気づかないだけなのです。

なるほど。

最近では，作用・反作用の法則を利用して，太陽系外の惑星探しがおこなわれています。

惑星を探す!?
一体どうやって？

一般的に，恒星（自分自身のエネルギーによって輝く星のこと）は，その周囲をまわる惑星に比べて圧倒的に重い存在です。
たとえば，地球は太陽の重さの約33万分の1，木星は約1000分の1です。

うわ，ぜんぜん重さがちがいますね！

しかし，恒星は惑星を重力で引っ張っているので，作用・反作用の法則から，惑星も恒星を引っ張ることになります。その影響で，恒星もわずかに"ぶれる"ような動きをするのです。
恒星の，このわずかな"ぶれ"を，遠い地球から検出することで，暗くて直接は見つけにくい惑星を，間接的に見つけることができるというわけです。

なるほど！
ニュートン力学って，本当に，私たちの日常のささいな行動から惑星探査まで，すべての運動におよんでいるんですね。

ポイント！

作用・反作用の法則

物体Aが物体Bに力（作用）をおよぼすとき，物体Bも物体Aに同じ大きさで正反対の向きの力（反作用）をおよぼす。

重力
りんごが机から受ける垂直抗力
机がりんごから受ける垂直抗力
力のつり合い
作用・反作用の関係

歩行
私たちは地面をける反作用で進む。反作用の正体は足と地面のあいだの摩擦力である。氷の上やぬれた床が歩きにくいのは，摩擦力が小さいから。

足が地面におよぼす力（作用）　地面が足におよぼす力（反作用）

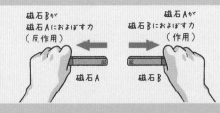

磁石Bが磁石Aにおよぼす力（反作用）　磁石Aが磁石Bにおよぼす力（作用）
磁石A　磁石B

磁石の反発
磁石の場合，力の関係では，一方を作用とすると，常に他方が反作用である。

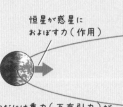

恒星が惑星におよぼす力（作用）　惑星が恒星におよぼす力（反作用）
惑星　恒星
惑星の軌道

天体の運動
恒星と惑星のあいだには重力（万有引力）がはたらき，おたがいに引き合っている。恒星も惑星からの重力の影響で，ぶれるように動く。

アルキメデスの原理 浮力は，押しのけた水の量と同じ

さあ次は，**アルキメデスの原理**についてお話ししましょう。
アルキメデスの原理は，紀元前のギリシャで活躍した数学者**アルキメデス**（紀元前287ごろ〜前212）が発見した原理です。名前だけでもご存じではないでしょうか？

アルキメデス
（紀元前287ごろ〜前212）

そうですね，名前は知っています。でもどういう原理だったっけ……。

アルキメデスの原理は，流体（気体や液体）の中にある物体の**浮力**および，**体積**に関する原理なんです。あらためてご説明しましょう。
あなたは子どものころ，お風呂におもちゃを沈めて遊んだことはないでしょうか。おもちゃを沈めていた手を離すと，おもちゃは水面に浮かび上がってきますね。

なつかしいですね。よく遊びましたよ。おもちゃがプワ〜っと浮かんでくる感じが面白かったですね。

沈めたおもちゃが浮かび上がってくるのは,おもちゃに対して,上向きに**浮力**がはたらくためなんです。

浮力,ですか。浮く力ということですか?

浮力とは,水などの液体(または気体)が,液体中の物体を押し上げようとする力のことをいいます。
水中の物体は,上下左右さまざまな方向から,**水圧**(水の圧力)を受けています。水圧は,水深が深いところほど高くなります。なぜなら,深い場所ほど,その上にある水の重みが積み重なるからです。そのため,水圧によって上面に加わる力よりも,下面に加わる力のほうが大きくなり,その差が浮力となるのです。

水圧が関係していたなんて,知りませんでした。

そして,**浮力の大きさは,物体を水に沈めたときに押しのけられる水の重さと同じ大きさになる**という法則があるのです。これが**アルキメデスの原理**です。
水に浮いて静止している物体は,浮力と,その物体の重さがつり合った状態だといえます。つまり,水に浮かぶ物体の重さと,物体が押しのけた水の重さは同じ,ということになります。
巨大なコンテナ船や客船が大量の貨物や人を乗せても沈まないのは,その重さのぶんだけ浮力が生まれるからなんです。また,この原理は水だけでなく,気体にもあてはまります。

なるほど~! そういうことですか。

> **ポイント！**

アルキメデスの原理

物体にかかる浮力の大きさは，物体が押しのけた流体（液体や気体）の重さと等しい。

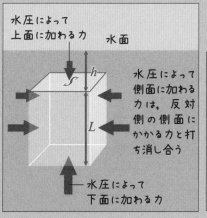

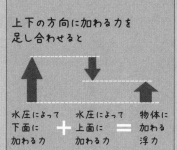

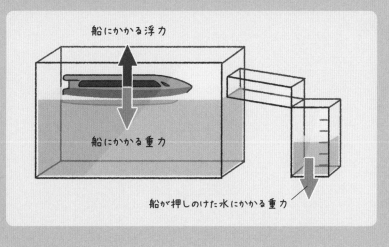

また，コップの中のジュースに氷が浮かんでいるとします。でも，氷が溶けても水位は変わりません。これは，アルキメデスの原理で考えると納得がいきます。
なぜなら，氷の浮力と氷におしのけられた水の重さは等しい，つまり，氷の重さと氷が押しのけた水の重さは等しく，したがって，氷が溶けたとしても，両者は同じ体積になるからです。

なるほど，暑い日に水筒の水に氷を大量に入れてもあふれてこないのは，そういう原理なんですね。

そうです。
近年，地球温暖化により，南極大陸上の氷が溶けて，周囲の海面が上昇していることが問題になっています。
しかし，北極海の氷が溶けても海面は上昇しません。なぜなら，北極海の氷は海に浮かんでいるからです。

なるほど……。

運動量保存の法則 物体の運動量の合計は変わらない！

ルネ・デカルトは,「われ思う,ゆえにわれあり」の格言で有名な,フランスの哲学者です。

ルネ・デカルト
（1596〜1650）

その格言は知っています。でも,科学の法則や原理のお話なのに,なぜ哲学者が出てくるんですか？

デカルトは,宇宙にひそむ法則を解き明かそうとした科学者でもあったんです。
そして実は,デカルトが発見し,後にニュートンが完成させたある法則が,現在の人類の宇宙への旅を可能にしているんです。
この法則は,物体の**運動量**についての法則で,**運動量保存の法則**というものです。

そんなすごい法則!?
どんな法則でしょうか。

順を追ってお話ししていきましょう。デカルトは，空間を埋めつくす微小な粒子が**渦**をつくり，その"渦"によって宇宙でおきるすべてのできごとがつくられる，と考えていました。そして，運動する物体は「運動量をもつ」と考えたのです。

しかし，宇宙は**神**が創造したものと信じていたデカルトは，「宇宙全体の運動量の合計は神によって保存され続ける」とも唱えました。

16～17世紀のころのお話ですよね。粒子とか，運動量とか，当時としてはすごく革新的な発想だったのではないですか？ 「運動量の合計は神が保存する」というのはともかくとして……。

実際，デカルトの「渦」の考え方は否定されましたが，「運動量」は，現代の物理学でも使われています。
運動量とは，"運動の勢い"のようなもので，**物体の質量 m × 速度 v** と定義されます。また，速度は方向を含むため，運動量には**方向**があります。

現代につながる理論だったんですね！

そうなんです。そしてデカルトは運動量において，**複数の物体が力をおよぼし合うとき，それらの物体がもつ運動量の合計は，外から力を加えない限り変わらない**という法則を発見しました。
これが**運動量保存の法則**です。

えっ，どういう意味でしょう。

たとえば、あなたがキャスターつきの椅子に座っているとします。その状態でバスケットボールを持ち、足を宙に浮かせます。つまり、外部からの力を得ていない状態です。その状態で勢いよくボールを前方へ投げるとしましょう。

 えっ、できるかな……。何のよりどころもない状態ですよね……。

 そうです。あなたが両手を勢いよく前へ突きだしてボールを投げた瞬間、椅子はその反動で、ボールとは反対の向きへと動くでしょう。

 確かに、そうなりそうですね。

 これこそが、運動量保存の法則なんです。

 ええと……、どういうことでしょう!?

まず,椅子に座っているあなたとバスケットボールは,はじめはどちらも動いていませんから,運動量の合計はゼロですよね。

は,はい。

しかし,ボールを投げることで,飛んでいくボールに前向きの運動量が発生します。運動量保存の法則によれば,「複数の物体がもつ運動量の合計は変わらない」ので,ボールの運動量と同じぶんだけの運動量が,椅子に座ったあなたに,ボールとは反対の向きに発生するわけです。

うわ〜,何だか不思議ですね。
だから後ろ向きに進むわけなのか。

面白いでしょう。そしてこの原理は現在,惑星探査機の加速にも用いられているのです。

探査機にですか？

はい。宇宙空間は，空気も何も存在しません。それこそ，キャスターつきの椅子に座って足を宙に浮かせた状態と同じような状況です。その状況で，探査機はどうやって加速すればよいでしょうか？

なるほど！　何かバスケットボールに相当するようなものを前方に，いや前方だと後ろに下がってしまいますから，後ろ向きに投げればいいわけですね！

その通りです。
静止した探査機の運動量はゼロで，このままでは探査機は進みません。そこで，前に進むためには，燃料を燃やしたガスを後方へはきだし，ガスに「後ろ向きの運動量」をもたせればよいことになります。

探査機はガスを使うんですね。

そうです。2014年にJAXAが打ち上げ，世界ではじめて小惑星からの試料回収を成功させたはやぶさ2も，この原理を用いています。この方法は今や探査機の加速の定番となっているんです。

デカルトはとんでもない原理を発見したんですね。
デカルトが神様みたいなものじゃないですか！

ポイント！

運動量保存の法則

複数の物体が衝突したり，一つの物体がばらばらになったりしても，外から力が加わらなければ，変化する前と後では，運動量（質量×速度）の合計は変わらない。また，運動量には左右方向ばかりでなく前後方向，上下方向もあるが，すべての方向において，運動量は保存される。

運動量保存の法則

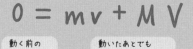

$$0 = mv + MV$$

動く前の運動量は0 ／ 動いたあとでも運動量の合計は0

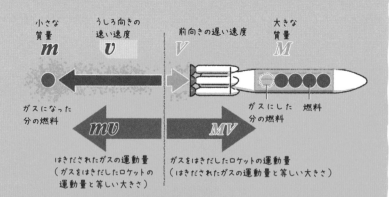

ガスをはきだしたロケットの運動量は，はきだされたガスの運動量と同じ大きさで，その向きはガスとは逆の前向きになる。この結果，ロケットは前に進む。

角運動量保存の法則　回転中に縮むと回転速度が上がる！

1967年，イギリスの天文学者**アントニー・ヒューイッシュ**（1924〜2021）らは，宇宙のかなたに奇妙な天体を発見しました。その天体は，まるで宇宙人が放つ信号のように，1秒余りの周期で規則正しく点滅していたのです。

それって，宇宙人の信号だったんじゃないですか!?

結論からいいますと宇宙人ではなかったのです。この星は点滅し，パルスを放っていたことから**パルサー**と名づけられました。しかし当時，正体は謎だったのです。

そんな信号みたいなパルスを放っている自然の星なんて，謎すぎますね。

パルス自体は不思議な現象ではないんですよ。ある方向にだけ光を放つ天体があり，その天体が自転して，光の放射方向が地球を向いたときにだけ光って見えると考えれば，パルスの説明はつきます。
問題は，自転のスピードが速すぎることでした。その速度は，約1か月に1回転という，太陽のような恒星の自転とは比べものにならないほど速かったのです。このように，あまりに速く自転すると，それによる遠心力によって，恒星は形を保てないはずなんです。

ええ〜！　ますます謎ですね。

しかし,この謎は,ある物理法則によって解明されたのです。その法則が,**角運動量保存の法則**です。角運動量とは,回転の勢いのようなもので,物体の運動量 mv に,回転の半径 r をかけ合わせたものです。

角運動量保存の法則とは,**外から力がはたらかなければ,物体の角運動量は常に変わらない**という法則で,**回転する物体が小さく縮む（回転半径 r が小さくなる）と,物体の回転速度 v が大きくなる**ことをあらわします。つまり,物体が小さく縮むと,その自転は速くなるのです。

このパルサーという星は,縮んでいたんですか？

パルサーの正体は,小さな**中性子星**という天体だったんです。重くて大きな恒星が燃えつきるとき,みずからの重さを支えられなくなり,中心部が急激に縮むんです。恒星の中心部には鉄が集まった中心核があり,縮むときに鉄の層の内部に中性子の"芯"ができます。これが中性子星です。

燃えがらみたいなものなんですね。

そうです。中性子星は,一般に半径10キロメートルほどと小さいながら,太陽と同程度の質量をもちます。大きな質量が自転軸の近くに集中するので,自転も非常に速く,1回転にかかる時間は数秒以下です。でも,質量が大きいぶん重力も非常に強いので,高速回転で遠心力がかかってもこわれないんです。

> **ポイント！**

角運動量保存の法則

外から力が加わらなければ、物体の角運動量（運動量×回転半径）は常に変わらない。たとえば、回転する物体が小さく縮む（回転半径が小さくなる）と、物体の回転速度が速くなる。

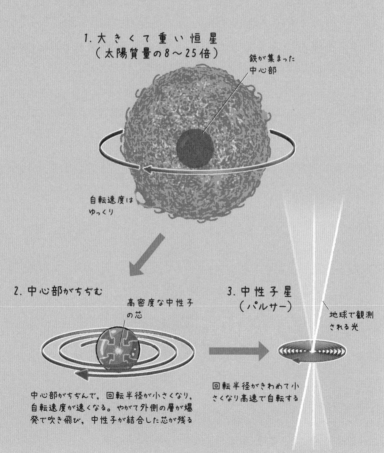

1. 大きくて重い恒星（太陽質量の8〜25倍）
   - 鉄が集まった中心部
   - 自転速度はゆっくり

2. 中心部がちぢむ
   - 高密度な中性子の芯
   - 中心部がちぢんで、回転半径が小さくなり、自転速度が速くなる。やがて外側の層が爆発で吹き飛び、中性子が結合した芯が残る

3. 中性子星（パルサー）
   - 地球で観測される光
   - 回転半径がきわめて小さくなり高速で自転する

へええ……。
そういえば，フィギュアスケートの選手がジャンプをするとき，ぎゅうっと縮こまった体勢になりますよね。あれも回転を早くするためですか。

よく気がつきましたね。その通りです。また，フィギュアスケートの技の一つに高速スピンがあります。これも角運動量保存の法則を利用しているんですよ。
腕を胸の近くにたたんだり，真上にのばしたりすると，体重（質量）は自転軸の近くに集中することになり，回転半径が小さくなります。すると，中性子星と同じ理屈で，自転（回転）のスピードが上がるんです。

氷の上でも，宇宙と同じ角運動量保存の法則が成り立っているなんて，面白いですね。
今度，フィギュアスケートを観るとき，注目してみます。

波の反射と屈折の法則 波の反射と屈折の方向は決まっている

あなたは毎朝鏡を見てひげを剃ったり，髪を整えたりするでしょう。これも，ある物理の法則がかかわっているのです。
はじめに，あなたはなぜ鏡に自分の姿が映るのか，考えたことはありますか？

い，いえ，毎朝バタバタで，そんなことを考える余裕はなかったですね……。

鏡にはやってきた光をほぼ100％反射する性質があります。あなたの顔に当たった光が反射して鏡に当たり，鏡がその光を反射して私たちの目に届くためです。

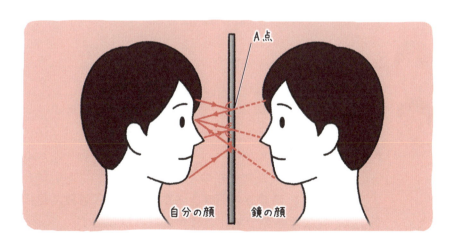

ということは，自分の顔に反射した光を見ているというわけですか。

そういうことになりますね。一般的に，光も含めた電磁波や音波といった波は，それまで進んできた場所とはことなる場所，たとえば空気中から水中に入ったりするときなど，その境界面で，一部は反射して，残りは屈折しながら進みます。

三方向に分かれるんですね。

そうです。
そして，反射，屈折する方向（角度）には，それぞれ法則があるのです。
まず，反射の方向には，**反射の法則**があります。
反射面に垂直な直線（法線）を引いたとき，入射した波と法線のつくる角度を**入射角**といいます。
そして，法線と，反射した波がつくる角度を**反射角**といいます。このとき，**反射角は，入射角と同じ角度になるのです。**これが，「反射の法則」です。

ふむふむ。

一方，屈折する方向には，**屈折の法則**があります。この法則は**スネルの法則**ともよばれています。
物質Aから物質Bに入ってくる波の屈折を見てみましょう。法線と，屈折した波がつくる角度を**屈折角**といいます。このとき，**法線と屈折角と入射角の比（入射角／屈折角）は一定になるのです。**これが屈折の法則です。
なお，屈折角と入射角の比の値は，物質Aに対する物質Bの**屈折率**とよばれています※。

※：正確には，屈折角の sin と入射角の sin の比の値（入射角の sin ／屈折角の sin）が，屈折率になる。

> ポイント！

反射の法則
波が反射する角度は、入射した角度に等しい。

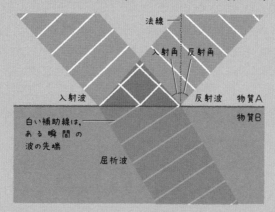

屈折の法則
二つの物質の間で屈折がおきるとき、屈折角の比（sin）と、入射角の比（sin）は常に一定になる。

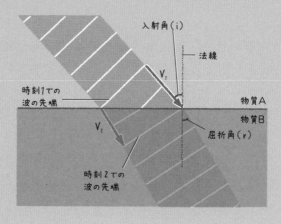

ふうむ。
ところで、なぜ屈折がおきるんでしょうか?

それを理解するには、自動車の車輪が、舗装された道路から砂地に向かって斜めに入っていくところを思い浮かべるとわかります(右ページのイラスト上)。
このとき、舗装された道路と、そうではない砂地を比べると、砂地のほうが車輪は進みにくくなりますよね。

そうですね！ 砂に足を取られる状態になります。

そうなると、先に砂地に入った車輪の速度は遅くなります。その結果、左右の車輪のうち、先に砂地に入った車輪のほうは速度が落ちているのに、まだ道路を走っている車輪のほうは速度が変わらない、という状態になります。こうなると、左右の車輪で速度にちがいが生じて、進行方向が曲がってしまうのです。

なるほど、わかりやすいですね。

この状況を、空気中から水中に進む光に置きかえて考えてみましょう。この場合、光は空気中よりも水中を進むときのほうが遅くなります。その結果、車輪と同様に、光の進行方向が曲がってしまうんですね(右ページのイラスト下)。
つまり、**物質の境界面でおこる波の屈折とは、境界面を境にしたことなる物質どうしで、波の進行速度にちがいが生じるためにおきるものなんです。**

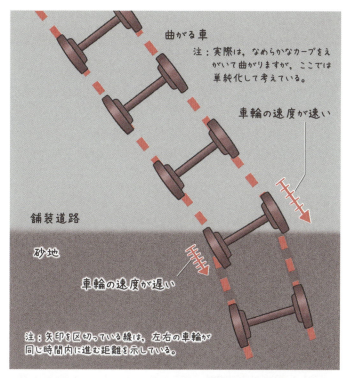

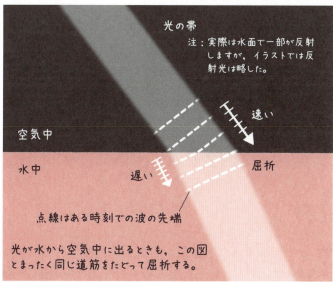

アボガドロの法則 温度と圧力が一定なら，気体分子の数も一定

ここまで運動の法則についてお話ししました。
最後に，ちょっと視点がことなりますが，**気体の運動**についての法則をご紹介しましょう。
2時間目で，物質量の単位「モル（mol）」についてお話ししました。

はい。物質量というのは，物質に含まれる原子や分子といった粒子の数だということでしたね。だけど粒子を数えるのは大変だから，「炭素12」の原子の数を基準にしていたということでした。

その通りです。
原子1個の質量は種類によってちがい，大きさもきわめて小さいものです。このため，その質量を実際の数値であらわすのは実用的ではありません。
そこで，炭素12の原子の質量を12とし，これを基準に各原子の質量を比であらわす方法がとられるようになりました。これが**原子量**です。原子量は炭素原子の質量を12としたときにあたえられる各原子の相対的な質量，というわけです。これにもとづくと，たとえば水素（H）の原子量は1，酸素（O）は16となります。

原子がくっつくと，原子数を足すんですよね？

そうです。分子は原子が集まったものですから，その分子を構成する原子の原子量を足した分子量が使われます。

たとえば水（H₂O）の場合，水素原子（H）2個と酸素原子（O）1個からできているので，分子量は水素原子の原子量2個分（1×2）と酸素原子の原子量16を足した18が，H₂O（水）の分子量となります。

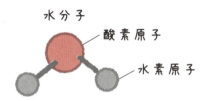

そうでした。だけど，原子や分子の数を1個1個数えることはできないので，「モル」を使うんでしたね！

そうです。1モルは原子や分子が「$6.02214076 \times 10^{23}$個」集まったもので，この1モルあたりの原子や分子の数が**アボガドロ数**でしたね。2時間目でご説明したのはそこまででした。実は，**それだけたくさんの個数の原子・分子が集まると，その集団の質量（単位はグラム）が，原子量・分子量とほぼ等しくなるのです。**

え？　ということは……？

たとえば$6.02214076 \times 10^{23}$個の炭素，つまり1モルの炭素の質量は，原子量が12なので**12グラム**となるわけです。

そうなんですね！　1モルの原子や分子は，原子量・分子量の数値が，そのままグラムに置きかえられる，ってことなんですね。すごく便利ですね！

実はもう一つ,モルという単位には便利なことがあるんです。それが**アボガドロの法則**です。
この法則によれば,「種類に関係なく,温度と圧力が一定なら,同じ体積中の気体分子の数は一定」になります。このことから,1モルの気体分子は,同温・同圧であれば,すべて同じ体積になり,標準状態(0℃,1気圧)では,1モルの気体分子,原子の体積はすべて22.4リットルとなります。

アボガドロの法則だと,気体の場合,分子の個数を体積からも割りだすことができるわけですね。

その通りです。アボガドロの法則は,イタリアの科学者**アメデオ・アボガドロ**(1776〜1856)によって発見されました。
アボガドロ数もアボガドロの法則も,彼の名にちなんでつけられたのですよ。

アメデオ・アボガドロ
(1776〜1856)

> **ポイント！**
>
> アボガドロの法則
> ……種類に関係なく，温度と圧力が一定なら，同じ体積中の気体分子の数は一定になる。

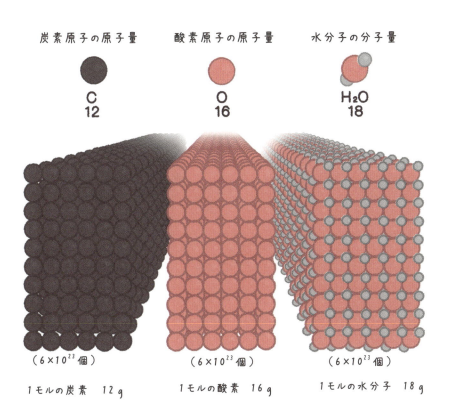

炭素の数を10個，100個と増やし，炭素の質量が12グラムになったときの個数が約 $6.02214076 \times 10^{23}$ 個（アボガドロ数）になる。酸素原子や水分子についても，アボガドロ数だけ集まれば，それぞれ16グラム，18グラムとなる。

ボイル・シャルルの法則 圧力が変わったら体積と温度はどうなる？

アボガドロの法則では、「種類に関係なく、温度と圧力が一定なら、同じ体積中の気体分子の数は一定」でした。
では、温度と圧力が一定ではない場合、気体分子はどのようになるのでしょうか。

うーん。一定ではないのだから、もちろん変化するのでしょうね。

そうですよね。たとえば、飛行機の中で、持ってきたお菓子の袋を開けようとしたら、袋がパンパンにふくらんでいた、なんて経験はありませんか？

ああ、ありますね。あれはなぜなんでしょう。

これは、**圧力**が関係しているんです。
私たちが「空気」とよんでいるものは、無数の気体分子が集まったものです。常温の大気には、1000兆のさらに1万倍もの数の気体分子が存在しているのです。

うおっ！ 大量ですね。

ここで，気体の圧力について少しご説明しておきましょう。この気体分子は空間を飛び回っていて，たがいに衝突したり，壁にぶつかって跳ね返ったりしています。もちろん私たちの体にも常に気体分子がぶつかっているんですよ。気体分子がぶつかると，その瞬間，ぶつかった物体には力が加わります。気体分子1個の衝突による力はわずかなものですが，**大量の気体分子がひっきりなしに衝突するとなると，そこから発生する力は無視できないほど大きくなります。これが気体の圧力の正体です。特に私たちのまわりの空気から受ける圧力のことを大気圧といいます。**

圧力の正体，はじめて知りました。

身近なものでは，たとえば吸盤は，大気圧を利用しているんですよ。吸盤を壁に押しつけると，吸盤と壁の間の空気が押しだされて，吸盤の内側の気体分子の数が減り，圧力が弱まります。すると，外側の空気の圧力のほうが大きくなり，吸盤は壁に押しつけられてくっつくんですね。

吸盤って，周囲の空気に押されていたんですか！

そうです。**私たちの体や壁，机など，あらゆる物体の表面は，大気圧によって常に押されているんですね。**
ちなみに，海面付近の大気圧の大きさは**約1013ヘクトパスカル**（ヘクトパスカルについては106ページ）で，これは1平方メートルの地面に約10トンのおもりが乗っているのと同じ圧力がかかっていることになります。

そんなに!?

すごいでしょう。ドラム缶も,その内部の空気を抜くと,内側からの圧力を失い,いとも簡単にぺしゃんこになってしまいます。このように,**私たちが気づかないだけで,私たちには上からも下からも横からも,常に大気からの大きな力を受けて暮らしているんです。**

うわあ〜! そんな圧を受けていたなんて!

さて,説明が長くなりましたが,お菓子の袋に話を戻しましょう。
密封された袋の中の気体分子は自由に飛びまわり,分子が袋の内面に衝突して,袋をふくらます方向に力をあたえています。一方,袋の外側の空気,すなわち大気圧は,外側から袋にぶつかり,袋を内側へへこませる方向に力をあたえています。
しかし,飛行機は上空高く飛んでいますから,地上よりも空気が薄い状態です。そのため,袋を外側から押す力が弱くなり,袋の内側から押す力のほうが強くなり,袋がパンパンにふくらんだ,というわけです。

地上と上空とで圧力が変わったわけですね。

その通りです。つまり,温度と圧力が一定ではなくなり,その結果,袋の内部の気体の体積が増えたわけです。
そして,このような,一定量の気体における体積と圧力の関係には,実は一定の法則があるのです。

イギリスの物理学者**ロバート・ボイル**（1627～1691）は，温度が一定に保たれているとき，**密封された袋の中の気体の体積は圧力に反比例することを発見しました。**たとえば，体積が2倍になると圧力は半分になり，逆に体積が半分になると，圧力は2倍になります。この関係性を**ボイルの法則**といいます。

袋の内側と外側では，圧力と体積のバランスがつり合うようにはたらくというわけですか。

その通りです。また，気体のふるまいには，圧力・体積に加え，**温度**に関する法則が大きくかかわっています。それが，2時間目の温度の単位ケルビン（K）の中で登場した**シャルルの法則**です。
ジャック・シャルルは，一定量の気体の温度と体積の関係において，温度が上がると分子の運動エネルギーが大きくなり，速度が速くなることを突き止めました。そして，**「気体の体積は，圧力が一定のとき，温度が高くなるにつれて一定の割合で大きくなる」**という法則を導いたのです。

そうでしたね！

また，シャルルは，圧力が一定の状態で気体の温度を下げると体積が減ることを見いだし，その後の研究により，**温度が1℃減少するごとに，体積は0℃のときの体積の約273.15分の1ずつ減る**ことを解明しました。ですから，この法則にのっとって考えると，マイナス273.15℃になると，気体分子の体積がゼロになるわけです[※]。

※：理想気体（分子の体積や分子間にはたらく力を無視した仮想的な気体）において仮想的に体積がゼロになると考えられるため，実際の物質で体積がゼロになることはない。

絶対零度ですね！

その通りです。これらのことから，**「圧力を一定に保ったとき，袋の中の気体の体積は絶対温度に比例する」**といえます。これが**シャルルの法則**です。
そして，この二つの法則をまとめると，**「密封された袋の中では，気体の体積は圧力に反比例し，絶対温度に比例する」**という法則が導かれます。この二つを合わせて**ボイル・シャルルの法則**といいます。

なるほど〜！　気体の体積は，圧力と温度と深くかかわっているんですね。

ポイント！

ボイル・シャルルの法則
……密封された袋の中では，気体の体積は圧力に反比例し，絶対温度に比例する。

$$\frac{PV}{T} = 一定$$

P：圧力　　V：体積　　T：温度

> ポイント！

ボイルの法則

……密封された袋の中の気体の体積は、圧力に反比例する。

$$PV = 一定$$

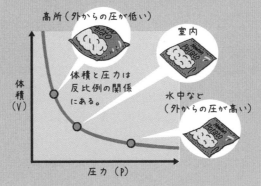

シャルルの法則

……圧力を一定に保ったとき、袋の中の気体の体積は絶対温度に比例する。

$$\frac{V}{T} = 一定$$

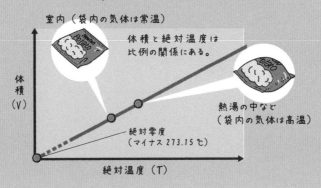

偉人伝❷

近代科学の父，ガリレオ・ガリレイ

　イタリアの物理学者・天文学者・哲学者であるガリレオ・ガリレイ（1564〜1642）は，1564年2月15日，斜塔で有名なピサの町で，音楽家の父，ヴィンチェンツォ・ガリレイの長男として生まれました。ガリレオは数学に興味をいだき，大学の数学の教授になりました。

アリストテレスの理論を正す

　ガリレオの時代，物体の運動の仕方については，重い物は軽い物より速く落ちるなど，古代ギリシアの哲学者アリストテレス（前384〜前322）がとなえた説が根強く信じられていました。でもその説は，まちがっていました。ガリレオはアリストテレスの理論を正し，物体の落下する速度は，質量によらないことを示したのです。

　また，発明されて間もない望遠鏡を自作して，天体観測をおこないました。そして，月の表面に凹凸があることや，木星に衛星があることを発見しました。いずれも天文学史上に残る大発見です。

宗教との対立が続いた

　ガリレオは，コペルニクス（1473〜1543）がとなえた「地動説」を支持し，従来の「天動説」を否定しました。ガリレオが批判したアリストテレスの理論や天動説は，キリスト教の教えと深く結びついていたため，ガリレオは教会側と対立しました。そして1633年，ガリレオは有罪判決を受け，最

終的に教会側の主張を受け入れると誓います。

　1642年，ガリレオは77歳で亡くなりました。多大なる業績にもかかわらず，公的な葬儀はおこなわれませんでした。教会側が誤りを認め，ガリレオの名誉が正式に回復されるのは，死後350年たった1992年のことでした。

STEP 2 「電気」と「磁気」の法則

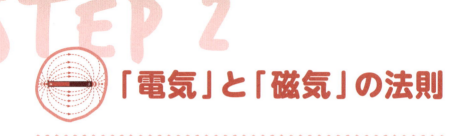

電気や磁気によってもたらされるエネルギーは，現代社会には必要不可欠なものです。電気と磁気にも，たくさんの法則があります。

クーロンの法則　下敷きで髪の毛が逆立つワケ

STEP2では，電気や磁気についての法則をご紹介しましょう。

電気は日常生活でも欠かせないものですね。

そうですね。最初にご紹介するのは，**クーロンの法則**です。これは静電気力についての法則です。

静電気力？

はい。小学生のとき，下敷きを髪の毛にこすりつけて持ち上げ，髪の毛を逆立たせる遊びをしたことはありませんか？

もちろんあります。小学生が必ずやる遊びですね。あれは静電気のせいですよね。

その通りです。これは，摩擦によって，下敷きにはマイナスの電荷，髪の毛にプラスの電荷が集まり，下敷きはマイナスの電気，髪の毛はプラスの電気を帯びた状態になるからです。

私たちの身体も含め，あらゆる物体はすべて，プラスの電荷（正電荷）とマイナスの電荷（負電荷）をもっています。通常は電荷の数はつり合っていて，電気は帯びていません（電気的に中性）。しかし，物体どうしに摩擦が生じると，電荷のバランスがくずれて，どちらかの電荷にかたより，プラスかマイナスの電気を帯びた状態になるんです。これが**静電気**です。

静電気ってそういうことなんですね。

磁石のS極とN極と同様に，電気もプラスとマイナスは引き合います。逆に，プラスどうしや，マイナスどうしでは反発し合います。髪の毛が逆立つのは，プラスとマイナスの電荷が引き合うからなんですね。

電荷によって生じるこのような力を**静電気力**というのです。

ふむふむ……。でも，電荷のバランスがくずれる，ってどういう状態のことなんですか？　それに，なぜ下敷きがマイナスに，髪の毛がプラスになったんでしょう。

物体どうしに摩擦が生じると，マイナスの電荷が移動する，という現象がおきるんです。さらに，物体には，マイナスの電荷を引きつけやすいものと引きつけにくいものがあるんです。
下敷きの材料であるプラスチックのほか，アクリルや金属といった素材はマイナスの電荷を引きつけやすく，髪の毛や人体はマイナスの電荷を引きつけにくいのです。ですから，両者に摩擦がおきたとき，マイナスの電荷が一斉に下敷きへと移動したんですね。

なるほど～！

プラスとマイナスの静電気を帯びた物体どうしが接触すると，本来の電荷のバランスを取り戻すために，マイナスの電荷が飛びだす現象がおこります。これが放電です。冬に金属のドアノブに触れてビリッとくるのは，ドアノブが放電したためです。

人間はプラスの静電気を帯びていて，ドアノブは金属だから，マイナスの静電気を帯びてたんですね！

そうです。ちなみに，静電気がたまっても，通常は空気中の水分などによって放電されてしまいます。冬に静電気が発生しやすいのは，空気が乾燥して，放電がおこりにくいためなんですね。

面白いですねえ。ビリビリのしくみがよくわかりました。

さて，かなり前置きが長くなってしまいましたが，**静電気力の大きさは，電気量の大きさに比例し，電荷どうしの距離の2乗に反比例する**という法則があります。
これが，**クーロンの法則**です。

静電気の量が多くて，物体どうしの距離が近いほど，物体間にはたらく力は大きいということですか。

そうです。また，先ほど少し触れたように，磁石も電気と同様にS極とN極はたがいに引き合い，同じ極どうしでは反発し合います。磁極によって生じる力は**磁気力**といい，磁気力にもクーロンの法則があてはまります。
磁気力の場合は**磁気力に関するクーロンの法則**とよばれています。

電気力と磁気力って似ているんですね。

そうですね。

211

> ポイント！

クーロンの法則

静電気力 $F = k_a \dfrac{q_1 q_2}{r^2}$

F：静電気力 [N]　　q_1, q_2：電荷 [C]（クーロン）
k_a：真空中の比例定数（9.0×10^9 [N・m²/C²]）
r：距離 [m]

電荷がつくる電場のイメージ

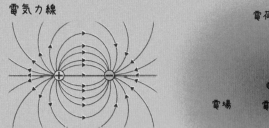
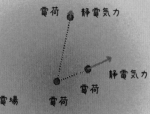

電気力線

電荷　静電気力

電場　電荷　電荷　静電気力

中央の電荷がつくる電場のみをえがいた。電場は，電荷から遠くなるほど弱くなる。そのため，中央の電荷の近くにある電荷ほど，大きな静電気力を受ける。

静電気力のクーロンの法則

静電気力は，電気量の大きさに比例して，距離の2乗に反比例する。静電気力の符号は，電荷が同符号（反発力）であれば正，異符号（引力）であれば負の値をとる。

静電気力も磁気力も、その大きさは電気量や磁気量の大きさに比例し、電荷どうしの距離の2乗に反比例する。

$$磁気力\ F = k_e \frac{m_1 m_2}{r^2}$$

F：磁気力 [N]　　m_1, m_2：磁気量 [Wb]（ウェーバー）
k_e：真空中の比例定数（6.33×10^4 [N・m^2/Wb^2]）
r：距離 [m]

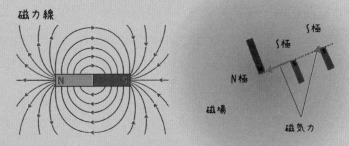

磁極がつくる極場のイメージ

中央のN極がつくる磁場のみをえがいた。磁場は、磁極から遠くなるほど弱くなる。そのため、中央のN極の近くにあるS極ほど、大きな磁気力を受ける。

磁気力のクーロンの法則

磁気力（磁力）は、磁気量（N極は正、S極は負）の大きさに比例し、距離の2乗に反比例する。磁気力の符号は、磁気量が同符号（反発力）であれば正、異符号（引力）であれば負の値をとる。

ちなみに,「距離の2乗に反比例して弱くなる」という関係を, 逆2乗則といいます。この逆2乗則は, 自然界ではよく見られます。たとえば, あらゆる物体どうしにはたらく「万有引力」や, 小さな点の光源から放射される光の明るさにおいても成り立つのです。

きっかり「2乗」というのは, 何だか不思議ですね。

光源からの光を例に, なぜ逆2乗則が成り立つのかを考えてみましょう。
まず, 豆電球から均等に, 無数の光線が出ているとします(次のイラスト)。この豆電球(光源)からの距離が1である「面A」と, その2倍遠い距離(豆電球からの距離は2)に置かれている「面B」があります。
面Aと面Bは, 光源を頂点とする四角錐の底面にあたります。

ふむふむ。

ということは, 面Aと面Bは, 相似, つまり形は同じだけれども大きさがちがうという関係にあり, 面Bの面積(2×2)は面Aの面積(1×1)の4倍になります。
しかし, 光源から放射されている光線のうち, 面Aと面Bを貫く光線の数は同じですから, 面Bを貫く光線の密度, つまり明るさは, 面Aの$\frac{1}{4}$になってしまうわけです。
つまり, 光の明るさは, 光源からの距離の2乗に反比例する, というわけです。

なるほど〜!

また，逆2乗則は，静電気力や磁気力，万有引力（重力）にも当てはまります。この場合は，光線を力線に置きかえて考えることができます。

3時間目 「原理」と「法則」で世界を知ろう！

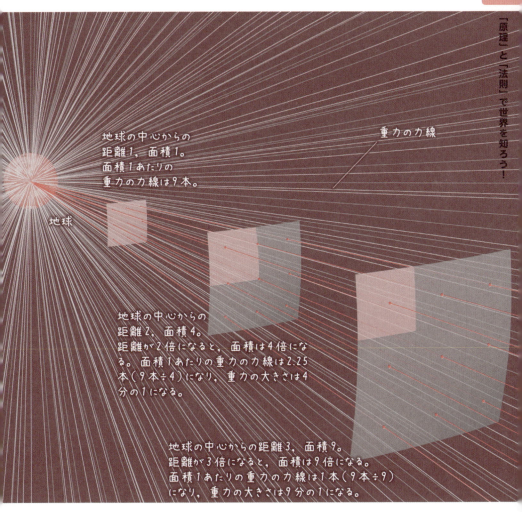

地球の中心からの距離1，面積1。面積1あたりの重力の力線は9本。

重力の力線

地球

地球の中心からの距離2，面積4。距離が2倍になると，面積は4倍になる。面積1あたりの重力の力線は2.25本（9本÷4）になり，重力の大きさは4分の1になる。

地球の中心からの距離3，面積9。距離が3倍になると，面積は9倍になる。面積1あたりの重力の力線は1本（9本÷9）になり，重力の大きさは9分の1になる。

オームの法則　電流を大きくしたいときはどうする？

続いて，電流に関する法則をご紹介しましょう。
2時間目のSTEP2で，電流の単位についてお話ししましたが，そのときの内容を振り返りながら進めましょう。

電流というのは，電子の流れということでしたね。

その通りです。電子の流れを**電流**，電流を流そうとするはたらきを**電圧**，そして電気の流れにくさを**電気抵抗**といいます。
電気抵抗をあらわす単位は**オーム（Ω）**といい，電気抵抗には**オームの法則**という，一定の法則があるとお話ししました（120ページ）。

オームの法則は，学校で習った記憶があります。どのような法則なのか忘れてしまいましたが……。

オームの法則は，電流と電圧と電気抵抗の関係をあらわす法則で，次のようなものです。**電気抵抗（R）が同じ導線に電気を流す場合，電流（I）と電圧（V）は比例関係にある。電圧は電気抵抗（R）と比例関係にあるが，電流は電気抵抗には反比例する。**

わー！　フクザツですね。どのように解釈すればよいのでしょうか？

この関係を，式であらわしてみましょう。

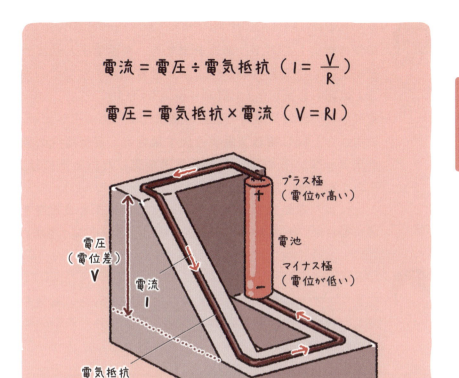

簡単に言うと、**「電気抵抗が同じ導線に電気を流す場合、電圧を高くするほど大きな電流が流れる。また、かけられる電圧が同じ場合は、電気抵抗の大きな導線ほど、流れる電流は小さくなる」**という関係をあらわしています。この法則を使えば、電圧、電流、抵抗値のいずれか二つの値がわかっていれば、残りの一つの値を求めることができるのです。

電流と電圧と電気抵抗って、こういう関係性なんですね。

そうです。
電気抵抗のところで，電流を流すと，自由電子と金属原子が衝突して電気抵抗が生まれ，送電ロスが生じてしまうとお話ししました（120ページ）。
電気抵抗の値は，導線の種類や形状によって決まります。ですから，**同じ導線で電気を流す場合は，電気抵抗の値が決まっているので，大きな電流を流したいときには，そのぶん，高い電圧が必要になります。**
また，より電気抵抗の大きな導線に同じ大きさの電流を流す場合は，そのぶんさらに高い電圧が必要になります。

なるほど〜！
つまり，オームの法則を使えば，たとえば30Aの電流を流したい場合は，送電ロスを見越して，どれぐらいの導線が必要で，どれぐらいの電圧をかければいいのかが計算できるってわけですね！

その通りです。また，逆の見方をすれば，**より電気抵抗の大きな導線に，同じ高さの電圧しかかけられない場合は，その分，流れる電流も小さくなる**ということになります。

「この導線だったら，これぐらいの電流」とか，「電圧が弱いからアンペアが下がる」などもわかるわけですか。
電力会社の人たちは，オームの法則を使って送電しているんですね！

> **ポイント！**

オームの法則

電気抵抗（R）が同じ導線に電気を流す場合は、電圧（V）を高くするほど大きな電流（I）が流れる。

かけられる電圧が同じ場合は、電気抵抗の大きな導線ほど、流れる電流は小さくなる。

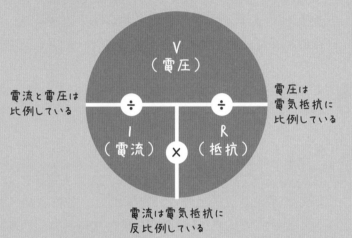

オームの法則

$$V = R \times I$$

V：電圧（V）
R：抵抗（Ω）
I：電流（A）

抵抗値を求める場合

$$R = \frac{V}{I}$$

電流を求める場合

$$I = \frac{V}{R}$$

ジュールの法則　発熱量を大きくしたいときはどうする？

続いて，電流に関連した法則もう一つご紹介しましょう。電流によって発する**熱**に関する法則です。
電気ストーブやアイロンなどは，電源を入れると熱くなりますよね。電流を流すことで発生するこのような熱は，イギリスの物理学者**ジェームズ・プレスコット・ジュール**（1818〜1889）の名前にちなみ，**ジュール熱**といいます。なお，このエネルギーの単位は，2時間目でお話ししたエネルギーの単位**ジュール（J）**です。

ジュール（J）という単位は，あらゆるエネルギーの単位でしたね。

その通りです。
ジュールは，水につけた導線に電流を流す実験によって，電流と，発生した熱量との関係についての法則を導きだすことに成功しました。1840年に発表されたこの法則を**ジュールの法則**といいます。

一体どんな法則なんでしょう？

次のイラストは，ジュールがおこなった実験を現代の装置で再現したものです。
まず，**ニクロム線**を水につけます。ニクロムとは，ニッケル（Ni）とクロム（Cr）を混ぜた，非常に電気抵抗が大きい合金です。そこに電流を流し，温度計で水の温度上昇を測定します。

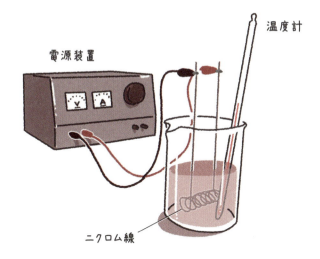

 その際に、電流や抵抗の大きさを変えることで、電流や抵抗の大きさと、発生した熱量との関係を求めます。
その結果、**「発生する熱量（Q）は電流（I）の2乗と抵抗（R）に比例する」**という法則が得られたのです。つまり、**電流や抵抗の値が大きいほど、発生する熱量（ジュール熱）は増えるのです。**

 これが、ジュールの法則です。なるほど……。でも先生、そもそも、電流を流すと熱が発生するのはなぜなんですか？

 まず、熱とは何かを考えてみましょう。物質の温度は、ミクロな視点で見ると、その物質を構成している原子の振動が原因です。ですから、ある物質の温度が上がるということは、その物質を構成する原子の振動のはげしさが増していくということなんです。

はい。

そして，STEP2の電流と電気抵抗のところで，電流は，導線の中を大量の自由電子が移動している現象のことだとお話ししましたね。
自由電子は流れていく際に，導線を構成している原子と"衝突"することがあり，その衝突によって自由電子の方向が変えられ，移動のエネルギーの一部が，金属原子が振動するエネルギーに使われてしまいます。そのせいで，電力のエネルギーの一部が失われてしまうとお話ししました（119ページ参照）。

それが電気抵抗の原因なんですよね！

その通りです。
「導線の原子との衝突によって自由電子がもっていた移動用のエネルギーの一部が，金属原子が振動するエネルギーに使われてしまう」ということはつまり，導線を構成している原子がますますはげしく振動する，つまり導線の温度が上がる，ということになります。

なるほど！　だから，電流を流した電気製品は熱をもつようになるんですね。そして，電流が大きいほど温度も高くなるわけですか。

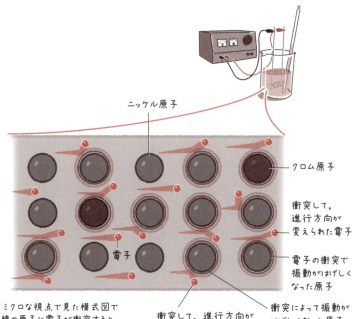

※ニクロム線をミクロな視点で見た模式図です。ニクロム線の原子に電子が衝突すると、原子の振動がはげしくなり、熱が発生します。

> **ポイント！**
>
> 発生する熱量（Q）は、電流（I）の2乗と抵抗（R）に比例する（電流や抵抗の値が大きいほど、発生する熱量（ジュール熱）は増える）。
>
> $$Q = I^2 \times R \times t$$
>
> Q：発生する熱量（J）
> I：電流（A）
> R：抵抗（Ω）
> t：電流を流す時間（s：秒）

アンペールの法則　磁場は電流が大きいほど強くなる

すでにお話ししたように，電気と磁気は，実は切っても切れない関係にあります。次は，**電流**と，そのまわりにできる**磁気**の関係についての法則をご紹介しましょう。
実は，電流を流すことのできるコイルがあれば，強力な磁石をつくることができるんです。この法則は，それに関係する重要な法則なんですよ。

お願いします。2時間目に「電気のまわりには磁気が生じる」というお話がありましたよね。電気にも磁石にも二つの極があるし，電気と磁石は似ているなあと思っていました。

そうですね。人々は，大昔から電気と磁気の存在には気づいていました。
たとえば，大昔の人は，琥珀（木の樹脂がかたまってできたもの）をこすると静電気が生じることや，天然の磁石を使えば鉄がくっつくこと，方角がわかることなどを知っていたのです。
しかし，長いあいだ，電気と磁気はまったくの別ものだと考えられてきました。

へええ……。
電気と磁気に密接な関係があるって，いつごろにわかったんですか？

19世紀になってからです。

224

1800年にイタリアの物理学者**アレッサンドロ・ボルタ**（1745〜1827）が電池を発明したことで、電気を使った実験がさかんにおこなわれるようになったためです。

結構最近なんですね。

そうなんですよ。そして1820年、デンマークの物理学者**ハンス・クリスティアン・エルステッド**（1777〜1851）が、導線に電流を流すと、その周囲に置かれていた方位磁針が反応することに気づきました。
このことがきっかけとなって、電流の周囲には磁気が生じるということが発見されたのです。

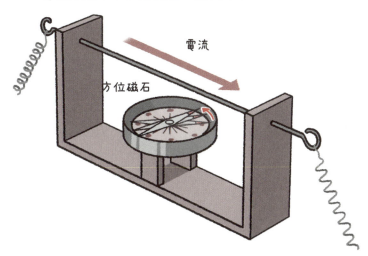

発見は偶然がきっかけだったんですね。

そうです。
磁力がおよぶ空間のことを磁場（磁界）といい、その向きや大きさは磁力線であらわすことができます。電流の方向と、電流によって発生する磁力線の方向との関係性を見いだし、法則としてまとめたのが、フランスの物理学者**アンドレ・アンペール**（1775〜1836）です。

電流と磁力線の方向、ですか。

はい。まず、電流と磁力線（磁場）の方向は、**ねじ**にたとえることができます。直線の導線に電流を流す場合を考えてみましょう。
あなたが右ねじを締めるとします（右ねじは、時計まわりにまわして締めるねじ）。このとき、ねじが刺さっていく方向を電流の向きに、ドライバーでねじをまわす方向を磁場の向きにあてはめることができるのです。つまり、**導線が直線の場合、電流が流れる方向を右ねじが進む方向に合わせると、磁力線の方向は、右ねじをまわす方向になるのです。**この関係を**右ねじの法則**といいます。

ポイント！

右ねじの法則
　導線が直線の場合、電流が流れる方向を右ねじが進む方向に合わせると、磁力線の方向は、ねじをまわす方向と同じになる。

電流と磁力線の方向にそんな関係があったなんて、知りませんでした。

面白いでしょう。つまり、直線の導線に電流を流すと、右ねじの法則にのっとった向きに、同心円状の磁場ができるんですね。

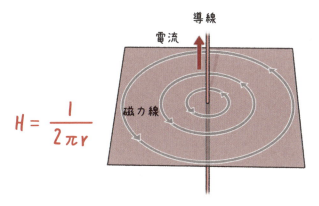

そして、**この磁場の強さは、電流が大きいほど、また、導線に近い場所（同心円の半径が小さい）ほど大きくなるのです。これが、「アンペールの法則」です。**
さらにアンペールは、磁場の強さを流れた電流と同心円の半径から計算できることも明らかにしたのです。

磁場の値まで計算できるんですか!?

はい。このとき生じる磁場の大きさは、電流が大きいほど、また、導線からの距離が小さいほど、大きくなります。磁場（H）の大きさは、電流（I）と距離（r）を使って、$H = \dfrac{I}{2\pi r}$という式であらわされます。

ポイント！

アンペールの法則

電流が大きいほど、また、導線に近い場所（同心円の半径が小さい）ほど磁場の強さは大きくなる。

磁場の強さ

$$H = \frac{I}{2\pi r}$$

I：電流の強さ
H：磁場の強さ

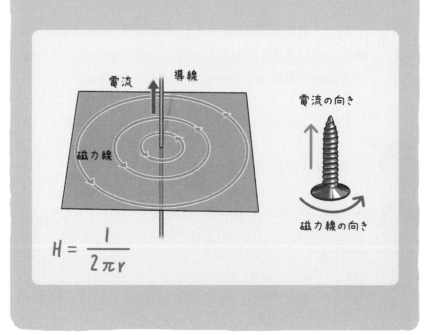

磁場の強さまで計算できるなんてすごいですが……。でもこの法則がなぜ強力な磁石をつくることに関係するんですか？

さあそこです！
ここまでは直線状の導線についてのお話でした。
では，導線が環状の場合はどうでしょう。次のイラストは，環状の導線に電流を流したときに発生する磁場をえがいたものです。

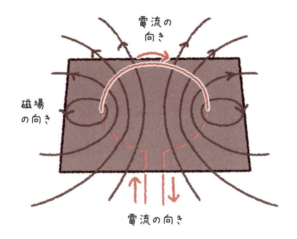

「右ねじの法則」にのっとると，こういう感じになるんですね。輪っかの中を磁力線が貫いていますね。

そうですね。では今度は，導線をコイル状にしたらどうでしょうか。

あっ！
コイルの中をたくさんの磁力線が貫きそうです！

そうでしょう。
次のイラストは，導線をコイル状にして電流を流したときにできる磁場の様子です。

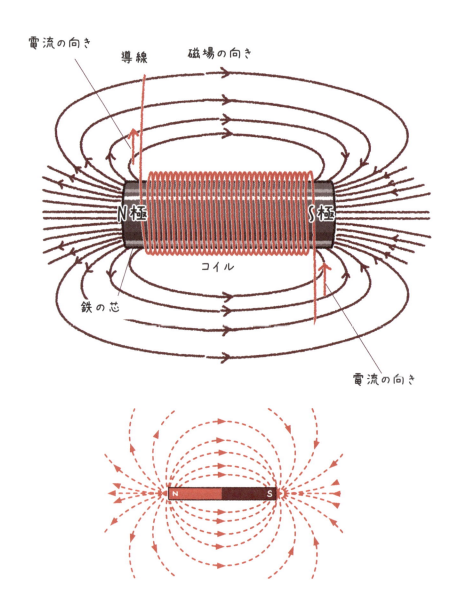

えっ！　この磁力線の形って，棒磁石と同じじゃないですか？

その通りです。
導線を鉄の芯に何重にも巻きつけてコイル状にすると，磁場が大きくなり，その形は棒磁石がつくる磁場の形と同じになります。つまり，**コイル状の電流によって生じた磁場によって磁石がつくられるのです。これが電磁石です。**
電気と磁気の関係については，さらにいくつかの法則をご説明していきましょう。

フレミングの左手の法則 「電流」「磁場」「力」の向きは直角！

電流と磁場，そして磁場からもたらされる力の向きについての法則もご説明しておきましょう。
これはどなたでも名前だけはご存じでしょう。**フレミングの左手の法則**です。

はい，知っていますし，手の形もできます！
でも，法則の内容がどんなものだったか……。

あらためて見ていきましょう。
さて，次のページのイラストのように，磁石のN極とS極のあいだの磁場に，1本の導線（イラストでは短いアルミニウムの棒）を乗せます。

231

そして、長いアルミニウムの棒を電源につなぎ、電流を流すと、短いアルミニウムの棒が動くのです。
これは、電流が流れる短いアルミニウムの棒に、磁石がつくる磁場の影響で「力」がはたらくからなのです。

力、ですか？

はい。このときの磁場の向き、電流の向き、力の向きの関係を左手であらわしたものが「フレミングの左手の法則」なのです。

フレミングの左手の法則

左手の人さし指、中指、親指を、それぞれが直角にまじわるようにのばす。人さし指を磁場の向き（N極からS極の方向）に、中指を電流の向き（電源のプラス極からマイナス極の方向）に向けると、親指の向きが力の向きになる。

少し記憶が戻ってきました。

フレミングの左手の法則は，イギリスの電気工学者**ジョン・アンブローズ・フレミング**（1849〜1945）が考案しました。フレミングは1885年，ロンドン大学電気工学科の教授時代，学生が磁場の向き，電流の向き，力の向きの関係をよくまちがえることから，何とか簡単に覚えられるようにと，この法則を考えたそうです。

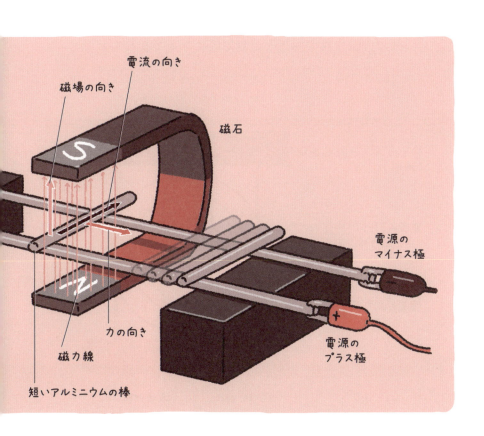

そんな微笑ましいエピソードがあったんですね。いい先生ですねえ……。
でも、磁場の向きと電流の向きはわかりますけど、親指の「力」ってどういうものなんでしょう？

右ねじの法則から、電流は、導線の周囲に同心円状の磁場をつくります。そしてその磁場の向きは、電流の進む向きに対して右まわりになりますね。
ということは、導線のまわりにできた磁力線は、磁石がつくる磁力線と重なる部分ができることになります。

はい。そうですね。……あれ？　でも、イラストの右半分は、磁力線の向きが反対方向になってませんか？

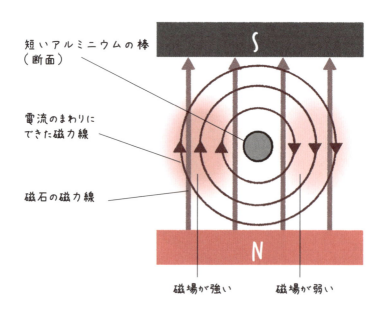

よく気がつきましたね！　その通りです。電流がつくる磁場の向きは右まわりの円形ですから，上に向かう部分と下に向かう部分が生じます。

そのため，棒がつくる磁場の向きと重なる部分（棒の左側）では磁力が強くなり，反対方向になる部分（棒の右側）では磁力が弱くなるわけです。

その結果，磁場の強い空間から弱い空間に向かって，磁場の強さの差を解消するように，導線に力がはたらくことになるのです。

また，この導線が受ける「力」は，電子一つ一つが受ける力の合計と考えることができます。

このような，電子などの電気をおびた粒子が磁場を移動する際に受ける力のことを，**ローレンツ力**といいます。

なるほど〜！　フレミングの法則の「力」とはローレンツ力というもので，それが親指の方向にかかる，ってことなんですね。今はじめてフレミングの法則がどういうものなのかがわかりました。

それはよかったです。

そして，この「力」は，いろいろな物の動力源になるんです。一番身近な例としては，電池で動く工作用の**モーター**ですね。

プラモデルなんかで使う，小さなモーターですね。そういえば，小学校のときミニ四駆にはまった時期があったなあ〜。

工作用のモーターは，磁石にはさまれた空間に，コイル（金属に導線を巻いたもの）が配置してあります。そしてコイルに電流を流すと，フレミングの左手の法則にしたがってコイルに力がはたらき，コイルが回転するのです。

そういうことだったのか〜！

モーターのコイルのつけ根には，筒を半分に割ったような**整流子**とよばれる部品があって，コイルが180度回転すると，整流子によってコイルに流れる電流の向きが反対になります。
つまり，電流によって生じた磁場と磁石の磁場が同じ方向だと力が発生しないので，整流子で，常に反対方向になるように調節しているわけです。
このため，コイルにはたらく力はつねに同じ回転方向にかかるため，コイルは回転を続けられるのです。

天才ですね！

モーターが回転する原理

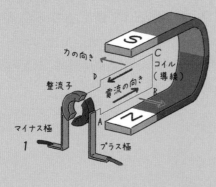

1. 導線に、ABCDの向きに電流が流れる。導線に力がはたらき、導線が回転をはじめる。

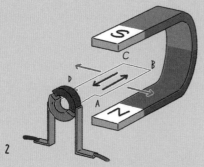

2. 導線が1.から約90度回転した状態。力はつり合うのでコイルはそのまま回転し続ける。

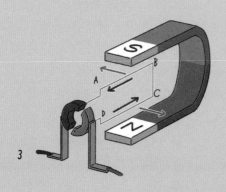

3. 導線が1.から約180度回転すると、整流子のはたらきで導線を流れる電流の向きが反対になり、DCBAの向きに電流が流れる。

> **電磁誘導の法則** 電流は磁気を生み,磁気は電流を生む!

さて,エルステッドによる「電流が磁気を生む」という実験結果を耳にしたイギリスの物理学者・化学者**マイケル・ファラデー**(1791〜1867)は,こう考えました。**「電流が磁気を生むのであれば,磁気から電流を生むこともできるのではないか?」**

マイケル・ファラデー
(1791〜1867)

2時間目に「磁石と導体があれば,電気をつくることができる」というお話がありましたね!

そうです。そしてファラデーは実験をおこないました。コイルの中に磁石を差し入れても,そのままでは電流は流れませんでした。しかし,磁石を動かすと,磁石を動かしている間は,電流が流れることがわかったのです。
これは,磁場の変動が電流を生みだすことを意味しています。このようにして生まれる電流を**誘導電流**といいます。そしてファラデーは,**「コイルを貫く磁力線の量が増減すると(磁場の大きさが変動すると),コイルには電圧が発生し,電流が生じる」**という法則をまとめました。これを**電磁誘導の法則**といいます。

磁石と導体から電気が生まれたんですね！

電磁誘導の法則のおかげで，現代の私たちの社会は動いているといっても過言ではないでしょう。

どのようなものに応用されているんですか？

その代表的な例が，**発電機**です。
発電機は，コイルのそばで磁石を回転させることで，電流（交流）を生みだしているんです。磁石を回転させることで，コイルを貫く磁力線の量が増減し，電流が生じるというしくみです。
また，**火力発電所**にも応用されています。火力発電では，化石燃料を燃やした際に発生する熱で水蒸気を発生させ，高圧になった水蒸気を羽根車に当てて回転させることで，羽根車につながった磁石を回転させ，電気を生みだしています（241ページ）。
また，水力発電も，原子力発電も，風力発電も，磁石を回転させて発電する部分のしくみはすべて同じです。

うわ〜！　電磁誘導の法則が現代社会を動かしているといっても過言ではないですね。

そうですね。発電機のしくみは，先ほどお話ししたモーターの逆だといえます。モーターは，電流の流れているコイルと磁石の間にはたらく力を利用して回転力を生み出しています。一方，発電機は逆に，磁石の回転力を利用して，コイルに電流を生みだしています。

ポイント！

電磁誘導の法則

コイルを貫く磁力線の量が増減すると、コイルには電圧が発生し、電流が生じる。

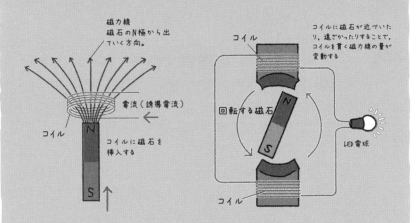

数式であらわした「電磁誘導の法則」

$$V = -N \frac{\Delta \Phi}{\Delta t}$$

V：磁場の変動によってコイルに生じる電圧（誘導起電力）
N：コイルの巻き数
ΔΦ：「デルタファイ」と読み、
ある時間Δtにおける磁束（コイルの中を貫く磁力線の量）の変化量 ※右辺のマイナスは、電圧の向きを決めるためのもの。

この式から、コイルの巻き数Nが多いほど、また磁束の変動が急激なほど、大きな電圧（電流）が生じることがわかる。

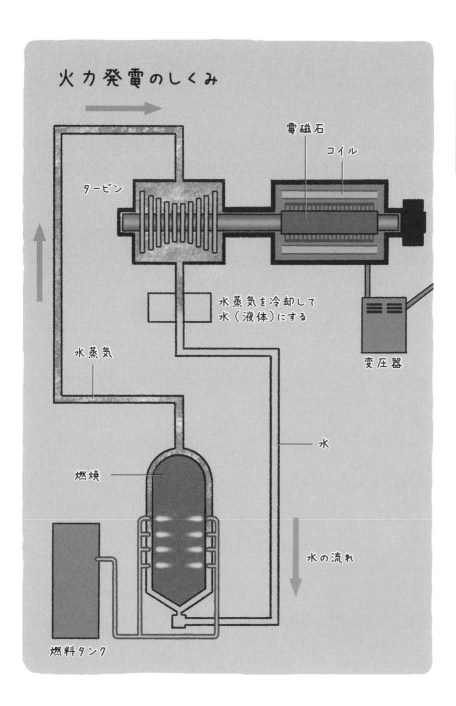

STEP 3

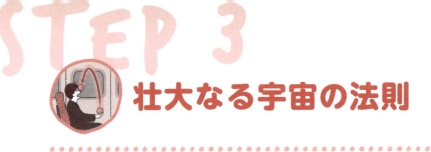

壮大なる宇宙の法則

広大な宇宙は，私たちの想像をはるかにこえた空間です。しかし，科学者たちは，そんな宇宙の謎を解き明かすべく，さまざまな法則を見いだしました。

エネルギー保存の法則　エネルギーの総量は同じ

ここからは視点を転じて，さらにスケールの大きなものについての法則を見ていきましょう。
2時間目で，エネルギーの単位についてお話ししました。その，エネルギーに関する法則です。

エネルギーはいろいろあって，「変身」できるんでしたよね。その単位がジュール（J）でしたね！

その通りです。
おさらいになりますが，エネルギーとは，「物体を動かす（仕事をする）能力」のことです。「エネルギーは形を変えることができ，また，形が変わってもその際のエネルギーの総量は変わらず，常に保存される性質がある」とお話ししました。これを，**エネルギー保存の法則（エネルギー保存則）**といいます。
そして，この法則によって，私たちが暮らす地球のエネルギーについても説明することができるんです。

す，すごいスケールのお話ですね！

そうなんです。私たちが暮らす地球では，大陸が動き，火山が噴火し，しばしば巨大な地震が発生します。こうした大地の変動を引きおこす原動力が，地球の内部にたくわえられた膨大な**熱エネルギー**です。
では，地球内部の熱エネルギーは，いったいどこから生まれたのでしょうか？

地球内部のですよね!?　う〜ん，どこからだろう。地球が誕生したときに同時発生的にとか……？

エネルギーは，何もないところからポッと生じることはないのです。なぜなら，「エネルギーは何もないところから新たに生まれないし，消え去ってしまうこともない」というエネルギー保存の法則があるからです。
つまり地球内部の熱エネルギーには，何かおおもとがあるのです。

地球内部の熱エネルギーのおおもとだなんて，思いつきませんよ……。

今から約46億年前，地球は，宇宙空間を漂う直径数キロメートルほどの小さな**微惑星**が衝突・合体することで誕生しました。地球をつくった微惑星は，**運動エネルギー**（$\frac{1}{2}mv^2$）や**位置エネルギー**（$-G\frac{Mm}{r}$），ウラン238などの放射性物質がもつ**核エネルギー**など，さまざまなエネルギーをもっていました。

実は,微惑星がもっていたこれらのエネルギーの一部が,地球に保存されていて,現在の地球内部にたくわえられた熱エネルギーの源になっているのです[※1]。

46億年前のエネルギーが保存されてる!?

すごいでしょう。なぜなら,「エネルギーは形を変えることができ,また,形が変わってもその際のエネルギーの総量は変わらず,常に保存される」からです。
もっとていねいにいうと,**「エネルギーには種類があり,たがいに形を変えることができる。形を変えても,エネルギーの出入りのない一つの"入れ物"の中では,エネルギーの総量は一定に保たれる」**のです。
ですから,衝突時に地球外へ離散したエネルギーもまた,宇宙という"入れ物"の中で,別の形になって残り続けているんです。

うわあ,壮大なお話ですね……。
ところで,位置エネルギーって,どんなエネルギーなのですか?

位置エネルギーとは,万有引力(重力)を受けている物体が潜在的にもつエネルギー,つまり重力によってもたらされるエネルギーのことですね。**物体(質量 m)が重力源(質量 M)の重力にさからって遠くの距離(r)にあるほど,位置エネルギーは大きくなります。**
たとえば,ジェットコースターが頂点にいるとき,地面(重力源)から遠いため,位置エネルギーをもちます。

一方、斜面を走り降りると、重力のため速度が増し運動エネルギーを得ます。

つまり、コースターの位置エネルギーが運動エネルギーに変わったわけです。このように、位置エネルギーが減少すると運動エネルギーは増し、**位置エネルギーと運動エネルギーの総量は常に一定です。**これは、力学的エネルギー保存の法則といいます。

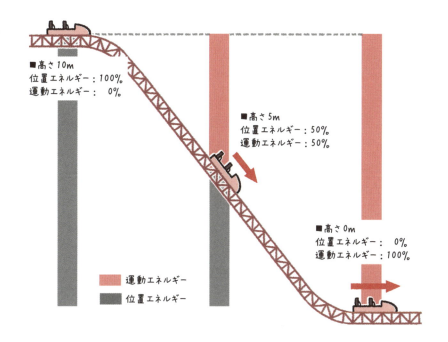

エネルギーはこうやって変身していくわけですか……。
それで、先ほど出てきた核エネルギーとは何でしょうか？

放射性物質の原子核は,自然に放射線を出して,質量の小さな原子核に変わっていく性質(崩壊)があります。地球の材料となった微惑星にも放射性物質は含まれていました。そしてたとえばウラン238の場合,約45億年という,きわめて長い時間をかけて,はじめの半分の量が鉛206に変わりました。こうした崩壊がおきるときに出る放射線が周囲の物質を温め,熱エネルギーを発生させているのです。

へええ〜!

エネルギーの総量は保存される,という考え方は,1830〜1840年代に複数の科学者が確立したとされています。特に,イギリスの物理学者**ジェームズ・ジュール**(1818〜1889)は,電気エネルギーがどの程度熱エネルギーに変わるかを調べた実験などにもとづき,エネルギー保存の法則の確立に貢献しました。

ジュール(J)はここからきているんですね!

その通りです。
宇宙の歴史とは,エネルギーが次々と形を変えて生まれ変わり続ける歴史だといえるかもしれません。

※1:現在の地球内部の熱エネルギーのうち,地球ができた当時の熱エネルギーはおおむね半分程度だとされている。なお地球では,太陽から光エネルギーが供給されたり,熱エネルギーを宇宙へ放出したりして,エネルギーが出入りしている。そのため,地球のエネルギーの総量は保存されていない。

> ポイント!

エネルギー保存の法則
……エネルギーには種類があり、たがいに形を変えることができる。形を変えても、エネルギーの総量は一定に保たれる。

$$運動エネルギー \quad \frac{1}{2}mv^2$$

m：質量
V：速度

力学的エネルギー保存の法則
……位置エネルギーと運動エネルギーの総量は常に一定。

$$万有引力 \quad -G\frac{Mm}{r}$$

G：万有引力定数
M：重力源の質量
m：物体の質量
r：重力源からの距離

エントロピー増大の法則 あらゆるものは均一になる

エネルギーに関する法則をもう一つご紹介しましょう。熱い飲み物は,ほうっておくとやがて必ず冷めますよね。そして冷めた飲み物が,ひとりでに温まることはありません。

そうですね。冷めた飲み物が自然に温かくなったら,怪奇現象です。

このような,エネルギーの一方向への流れは,**エントロピー増大の法則**によって説明することができます。

えんとろぴー?

エントロピーとは,おおまかにいえば「偏りのなさ」をあらわす概念です。エントロピー増大の法則とは,「偏りのない状態へ向かうしかないこと」を意味しているのです。
たとえば熱い飲み物は必ず冷め,冷たい飲み物がひとりでに温まることはありません。飲み物の温度は,温度の偏りがなくなる方向,すなわち飲み物と部屋の温度が均一になる方向にしか変化しないわけです。
つまり,**「エントロピー増大の法則」にのっとって考えると,物事は偏った状態へは変化しないのです。**

ふうむ。そういわれるとそうなのかな……。

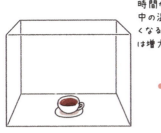
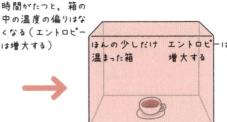

熱い飲み物
（熱さを赤色で表現した）

冷めた飲み物

エントロピー増大の法則にのっとって，宇宙を考えてみましょう。宇宙空間には，恒星や銀河など，多種多様な天体があります。そしてこれら恒星や銀河は，今も宇宙のどこかで生まれ続けています。

あれ，ちょっと待ってください。宇宙って，酸素も何もない，冷た〜い空間ですよね。そこに多種多様な天体が生まれ続けているって……，何だかむしろ偏った方向に向かっていってる感じがするんですが……。

いいところに気がつきました。確かに，冷たい宇宙に生まれる恒星や，物質が集まってつくられる銀河といった天体の構造は，温度や物質が偏った状態といえますね。こうした天体の誕生は，エントロピー増大の法則に反しているように見えます。

ですよね！

おっしゃる通り，宇宙という十分大きい"箱"の中では，恒星の死にともなって物質がちらばり，偏りが小さくなる一方で，恒星の誕生によって物質の偏りが新たに生じることもあります。
つまり，宇宙では，局所的にエントロピーが減少することがあるのです。

じゃあ，宇宙は，エントロピー増大の法則に反しているわけですか！

いいえ，たしかに局所的には偏った状態が生じることもあります。しかし，そのときでも宇宙全体で見ると，必ずエントロピーは増大します。
そのため，かつてエントロピー増大の法則を宇宙に当てはめて考えると，宇宙のエントロピーは極限まで増大してしまうと予測されました。
そして，**10の100乗年**という，とほうもない時間がたつと，現在の宇宙全体の偏り，すなわち銀河や恒星のような構造はもちろん，物質をつくる原子などの構造も，すべてが失われてしまうと考えられたのです。これを宇宙の**熱的死**といいます。ただし，現在では，宇宙が将来，本当に熱的死をむかえるかどうかはわかっていません。

宇宙も，結局は法則からは逃れられないのか……。

エントロピー増大の法則は，ドイツの物理学者**ルドルフ・クラウジウス**（1822〜1888）によって提唱されました。当初，この法則は，熱から効率よく動力を得る**蒸気機関**に関するものでした。

その後，**物質（原子や分子）の偏りの度合い**を示すことが証明されるようになり，現在では**秩序の度合い**や**おこりやすさの度合い**などとして，さまざまな学問分野で使われています。

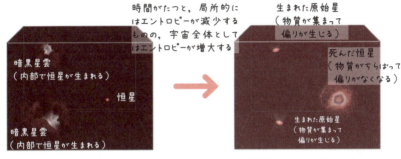

ポイント！

エントロピー増大の法則
……あらゆる物事は，均一になる方向にしか変化しない。

$$\Delta S \geqq 0$$

Δ：変化後の値から変化前の値を引いた差（デルタ）

S：エントロピー

変化後のエントロピーから変化前のエントロピーを引いた差が正の値になるということは，変化後のエントロピーは変化前より増えていることになる。

251

万有引力の法則 あらゆる物体は引きつけ合う

さて,続いては,宇宙の謎を解明する大きな鍵になった法則をご紹介しましょう。
STEP1で,アイザック・ニュートンの運動の3法則についてお話ししました。これらの三つを結びつける法則,**万有引力の法則**です。
万有引力の法則は,1687年に発表され,この法則のおかげで,自然界のあらゆる現象が解き明かされたんです。

ニュートンが,木からリンゴが落ちたのを見たことがきっかけで発見したという伝説がありますね。

そうですね。それは諸説あるようですけれども。
たとえば,枝を離れたリンゴは地面に落ちてきます。また,月は地球のまわりを回り続けています。
一見すると,この二つの現象はまったくことなるように見えますよね。しかしニュートンは,この二つの現象はともに**万有引力**が原因である,と考えたのです。

そもそも,万有引力とは,どのような力なんですか?

万有引力とは,文字通り「万物(あらゆる物体)が有する引き合う力」を意味します。そして,リンゴも月も地球も,あらゆるものはたがいに引き寄せる力をおよぼし合います。これが,万有引力の法則です。
したがって,リンゴと地球が引き寄せ合うのと同じように,月と地球も引き寄せ合っているのです。

万有引力の法則

すべてのものが引き寄せ合うのなら、いつか月は地球に落ちてきてしまうということですか？

月は実際、地球に引っ張られています。また、月も地球を引っ張っています。しかし同時に、月は時速約3600キロメートルという猛スピードで、地球のまわりを公転しています。

STEP1で、慣性の法則についてお話ししましたね。この法則を考えると、もし地球と引っ張り合っていなかったとしたら、慣性の法則にしたがい、月は宇宙の彼方へ飛び去ってしまうことになります。

つまり、高速で動いている月は、地球に落ち続けながら、地球との距離を一定に保って「円運動」をしているわけです。この様子はちょうど、ハンマー投げの様子にも似ています。

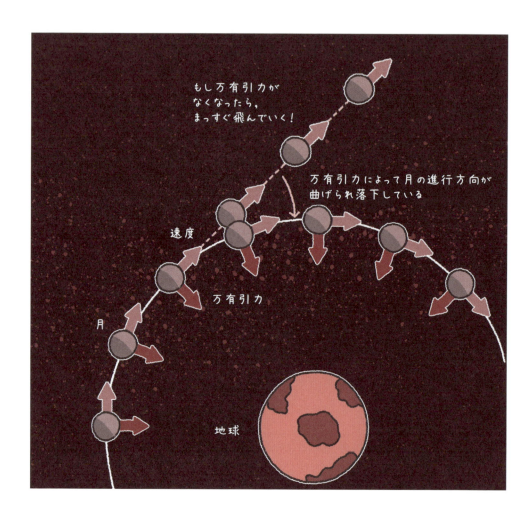

なるほど〜！ だから月と地球は，近づいて衝突することがないのか。

そうです。また，テーブルの上に置いた二つのリンゴも，ごくごく微弱な万有引力によって引き合っているのです。ただ，その力はあまりに弱いため，テーブルとの間の摩擦力などによって打ち消されてしまっているだけなんです。

へええ……。私たちはどんな物体とも引き寄せ合っているけれど、その効果を実感できていないだけなんですね。小さい物体は、万有引力が弱い、ということなんですか？

その通りです。
ニュートンは「二つの物体にはたらく万有引力は、それぞれの質量に比例し、物体間の距離の2乗に反比例する」ことも証明しました。

質量が大きくて、距離が近いほど、万有引力は大きくなるわけなんですね。つまり、地球規模の大きさのものでないと、万有引力は実感できなさそうですね。

しかし、無重量で真空状態の宇宙空間なら、それほど質量が大きくなくても、万有引力の効果を実感できるはずです。そのような空間では、離して置かれた二つの物体も、万有引力によって引き合い、いずれくっつきます。そもそも太陽系の天体は、ちりとガスが万有引力によって少しずつ集まっていくことで誕生したと考えられているのです。

地球や太陽系の誕生は、万有引力が影響していたんですねえ。

ニュートンは「万有引力は距離の2乗に反比例する」と考えて、みずからが打ち立てた力学にもとづき、惑星の運動を計算しました。その結果、このあとお話しする、惑星の軌道に関する「ケプラーの法則」を理論的に導くことに成功したのです。

ケプラーの3法則は，もともと天文観測にもとづいたものであり，ケプラー自身，なぜこのような法則が成り立つのか，正しい結論に到達していなかったのです。

 それが，ニュートンの万有引力の法則によって，理論的に正しいと証明されたんですね。あらためて，ニュートンって偉大ですね！

 そうなんです。事実，ニュートン力学と万有引力の法則は，この成果により科学界に高く評価さることになったのです。

ポイント！

万有引力の法則

……二つの物体間にはたらく万有引力は，物体の質量に比例し，物体間の距離の2乗に反比例する。

万有引力 $F = G\dfrac{Mm}{r^2}$

F：万有引力 [N]，G：万有引力定数（6.67×10^{-11} N・m²/kg²），MとM：二つの物体の質量 [kg]，r：二つの物体間の距離 [m]

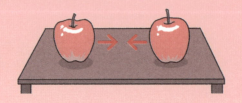

ケプラーの法則 惑星の軌道は，楕円である！

2時間目STEP3の宇宙に関する単位のところで，**ケプラーの法則**について少し触れました。
これは，ドイツの天文学者**ヨハネス・ケプラー**が発見した法則で，惑星が太陽のまわりをまわる公転周期と，その軌道の長半径には数学的な関係があることをあらわす法則です。

ヨハネス・ケプラー
（1571〜1630）

この法則のおかげで，実際に宇宙に行かなくても，地球を基準にして，ほかの惑星の軌道が計算できるようになったんですよね！

その通りです。近代科学の父**ガリレオ・ガリレイ**は，宇宙でおきるできごとは，数式で表現できるルール，すなわち「法則」に支配されていると考えていました。そして，ガリレオと同時代に生きたケプラーも，**「宇宙は完璧な秩序に支配されている」**と信じていた一人だったんです。

完璧な秩序，ですか……。

3時間目 「原理」と「法則」で世界を知ろう！

257

ケプラーが特に興味をもったのが，火星や木星などの**惑星の運行**でした。こうしてケプラーは，当時世界最高といわれた**ウラニボルク天文台**※で精密な観測をおこなった**ティコ・ブラーエ**（1546～1601）の助手になったのです。

そして，ブラーエの長年の観測データを受けつぎ，惑星の運行にひそむ法則を見つけようと，データをひたすら解析したのです。

すごいですねえ……。

当時，人々は，正円（つぶれていない完全な円）が最も美しい図形である，ということから，惑星の軌道を正円の組み合わせで説明しようとしていました。しかし，一つの円だけでは観測結果と合わせられなかったので，その組み合わせを考えたのです。

そうか，実際の軌道は楕円ですから，正円に当てはめようとしても無理なわけですね。

そうです。そこで，一つの大きな円に螺旋のようにからんだ小さな円を考え，さらにそれにからんだ さらに小さな円まで考えていました（次のページのイラスト）。

こうした正円にもとづく考え方は，ポーランドの天文学者**ニコラウス・コペルニクス**（1473～1543）や，ガリレオも同様だったのです。

でも，ケプラーはちがったんですね。

※：当時，望遠鏡はまだなく，星の位置を測定できる装置があるだけだった。

その通りです。彼は火星の観測データを調べた結果，まず，**惑星と太陽を結ぶ線は，一定時間に必ず同じ面積をなぞる**という法則を見つけました。これがのちに，ケプラーの **第2法則** となります。

必ず同じ面積をなぞる？

はい。星は，一定の速度で公転しているわけではありません。太陽から遠い地点はゆっくり通過し，太陽に近い地点は速く通過します。たとえば水星が太陽に最も近い地点を通過する速度は，最も遠い地点の約1.5倍になります。

そうなんですね！

そして，惑星の速度は，実は，「惑星と太陽を結ぶ線分が一定時間内になぞる面積（次のイラストの，色のついた領域）は必ず同じになる」という条件を満たすように変化しているのです。つまり，惑星が軌道のどこにいても，一定時間内に線分がなぞる面積（面積速度）は，同じなのです。

へええ……。そんなこと，よく解き明かしましたね。

さらに試行錯誤の結果，正円の組み合わせではなく，正円を少しつぶした**楕円**を考えれば，組み合わせなどせずに，それ一つだけで観測データを説明できることを発見したのです。これが**第1法則**です。

さらに，「**惑星が太陽を1周する時間の2乗は，楕円軌道の長いほうの半径の3乗に比例する**」という法則も発見しました。これが**第3法則**となります。

これら三つの法則を合わせて，**ケプラーの法則**とよんでいるのです。

ケプラーの第2法則

惑星は，太陽から遠いところはゆっくり通過し(1)，太陽に近いところは早く通過する(2)。惑星と太陽を結んだ直線が一定時間にえがく扇形の面積は，同じになる(3)。

1. 太陽から遠いところ
時計1目盛り分の移動距離は短い

惑星　線分は長い

> **ポイント！**
>
> ケプラーの法則
> ……第 1 法則
> 　惑星の軌道は楕円をえがく。
> ……第 2 法則
> 　惑星と太陽を結ぶ線は，一定時間に必ず同じ面積をなぞる。
> ……第 3 法則
> 　惑星が太陽を 1 周する時間の 2 乗は，楕円軌道の長いほうの半径の 3 乗に比例する。

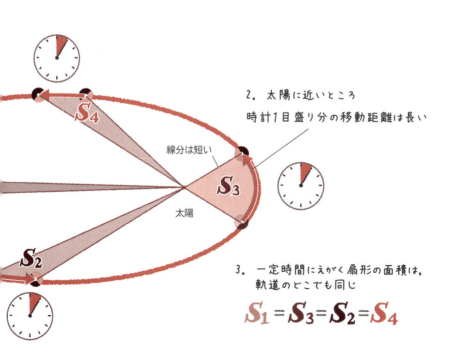

2. 太陽に近いところ
時計1目盛り分の移動距離は長い

線分は短い

太陽

3. 一定時間にえがく扇形の面積は，軌道のどこでも同じ

$$S_1 = S_3 = S_2 = S_4$$

相対性原理 地球がまわっていても，球はまっすぐ落ちる

次に，相対性原理についてご説明しましょう。

出ました！ アインシュタインの理論ですね！

いいえ。アインシュタインの相対性理論ではなくて，ガリレオ・ガリレイによる相対性原理です。

あ，ちがうんですね。

名前は似ていますが，ちがうんです。でも，アインシュタインによる相対性理論の基礎となった，とても重要な原理なのです。この原理は，天動説と地動説の論争の中から生まれたんですよ。

天がまわっているのか，地球がまわっているのか，という論争ですね。

その通りです。現在は，太陽が中心にあり，地球をはじめとした惑星はそのまわりを公転していることがわかっています。しかし昔は，地球は動いておらず，太陽のほうが動いているとする天動説が主流でした。
それに対して，地球が動いているとする地動説を唱えたのが，ポーランドの天文学者ニコラス・コペルニクスです。
しかし，彼が地動説を唱えたとき，天動説を支持する学者たちは次のように反論しました。

「地球が動いているなら，地球上で投げ上げた球は，自分の手元には戻ってこないはずだ」。

投げ上げた球が手元に戻ってくるのは地球が動いていないからという理屈ですか。うーん……。

一方，地動説を信じたガリレオは，これに対して，次のように反論しました。
「止まっている船の上でも，動いている船の上でも，球を落とすと球は真下に落ちる。地球が動いていたとしても，投げ上げた球は，手元に戻ってくるだろう」。

地面が止まっていても動いていても，球は手元に戻ってくるんだってことか。確かに……。

前にお話ししたように,ガリレオは「慣性の法則」の発見者です。そしてこのガリレオの反論は,慣性の法則をいいかえたものなのです。

え？ どういうことですか？

まず,立ったままの状態で球を投げ上げることを想像してみてください。球はどこに落ちてきますか？

そりゃ,手元に落ちてきますね。

じゃあ,次は走行中の新幹線の中で同じことをやってみましょう。
新幹線のように,一定の速さでまっすぐ動いている運動のことを,等速直線運動といいます。さあ,球を投げ上げてみてください。

エイッ！
……って、そりゃあ手元に落ちてきますね。

そうですよね。つまり、**「静止している場所であろうと一定の速さで動いている場所であろうと、そこでおきる物体の運動にはちがいはない」**ということになります。そうじゃないと、走行中の新幹線や飛行機で物を落としたらとんでもないことになりますからね。
これが、**ガリレオの相対性原理**です。

なるほど。確かにその通りです！

 ついでに，停止した新幹線の中で，走りだしたときに投げ上げてみましょう。
新幹線が動きだしたその瞬間に球を投げ上げると，球は少し後方に落ちて，あなたの鼻にぶつかるでしょう。

 痛っ！　何でですか？

 それは，新幹線が加速したからです。新幹線が動きだすと，それに乗っているあなたも前方へ進みます。しかし，投げ上げた球は新幹線の力の影響を受けないので，空中に取り残された状態になるからです。

つまり、**ガリレオの相対性原理は、静止している場所か、等速直線運動をしている場所でしか成り立たないのです。**また、このことは、**「等速直線運動をしている場所では、物体の運動の法則は、静止した場所と同じように成り立つ」**ということを意味しています。

> **ポイント！**
>
> ガリレオの相対性原理
> ……等速直線運動をしている場所では、静止している場所と同じ運動の法則が成り立つ。

光速度不変の原理 光の速度は常に変わらない

さて，ここから20世紀最大の天才科学者といわれた**アルバート・アインシュタイン**が発見したいくつかの理論についてご紹介しましょう。

アインシュタインといえば，先ほども少し登場した，**相対性理論**ですね！

そうですね。相対性理論は**特殊相対性理論**と**一般相対性理論**の二つがあるんですよ。
1905年に発表された特殊相対性理論は，時間と空間に関する理論で，「物の長さや時間の進み方は，状況によって伸び縮みする」とするものでした。
「時間と空間は絶対的なもので，誰から見ても同じである」とされてきたニュートン力学をひっくり返すような理論だったんです。

ひいい！　不思議すぎる理論ですね。

一般相対性理論は，その10年後の1915～1916年に発表された重力に関する理論で，**「あらゆる物体の重み（質量）が時間と空間を曲げて重力を生みだす」**という画期的なものでした。
そして，この二つの理論は，現代物理学の土台となり，現代物理の目標ともいえる，宇宙の成り立ちをはじめとする，さまざまな宇宙の謎の解明に必要不可欠な理論となったのです。

偉大な科学者ですよねえ。アインシュタインは理系でなくても、誰もがその名を知っていますよ。

相対性理論については丸々1冊くらいないとご説明ができません。ここでは、その発見に関連して生まれた、いくつかの理論についてお話ししましょう。

お願いします！

それではまず、光の速度についての法則をご紹介しましょう。
アインシュタインは16歳のころ、光についてこんな疑問をもっていたといいます。
「もし、鏡を持ちながら光と同じ速度で動いたら、自分の顔は鏡に映るのだろうか？」。

ど、どういうことですか？ 疑問の意味がすでにわからないのですが。

光は鏡に届く？ 顔は映る？

私たちの顔が鏡に映るのは，顔から出た光が鏡に達し，それが反射して自分の目に戻ってくるからです。ですから，もし自分が鏡を持って光と同じ速度で動いていたとしたら，鏡に光が到達して，自分の目に戻ってくるだろうか？と考えたわけですね。

そういうことですか……。考えてることがちがいますね。

でもあなたも，動く物体を見たとき，自分が止まった状態のときと，自分が動いているときとでは見え方がことなるという経験をしたことがあるはずです。
たとえば，高速道路の路肩に立って車を眺めるとします。あなたの目の前を，時速100キロメートルの自動車が通過していきます。どのように見えますか？

時速100キロメートルの車がビュンビュン通るのだから，おそろしいです！

しかし，あなたが時速100キロメートルの自動車に乗って，同じ速度の自動車を眺めるとしたらどうでしょう？

あ！　そういうときありますね。併走する車が静止してるように見えて，ドライバーの顔もはっきり見えます。

そうですよね。時速100キロメートルで進む自動車も，自分も同じ速度で走っていたら，止まって見えるはずです。つまり，**「時速100キロメートル（相手の自動車の速度）」－「時速100キロメートル（自分の速度）」＝「時速0キロメートル（相対速度）」**ということになります。

式で見るとそういうことなんですね。なるほど。

この自動車を光に置きかえたとき、もし光と同じ速さで光を追いかけたなら、光は自分に対して止まって見えると考えられそうですよね。

まあ、そうですね。自動車みたいに。

ところが、アインシュタインは悩んだんです。
今度は光を「音」にたとえてみましょう。かつて、光は音と同様に波だと考えられていました。音は空気中を伝わる波で、秒速340メートルで進みます(音速)。
たとえば、音速で飛ぶ飛行機の先端から音を出すとしましょう。このとき、飛行機も音と同じ速度で飛んでいますから、飛行機から見ると、前に進む音の速度は、先ほどの自動車と同様、差し引きゼロになります。

音は音速で飛ぶ飛行機と併走するから、音が飛行機の前に出ることはない、というわけですね。

そうです。これを、飛行機を自分、音を光だと考えてみると、光は自分の前に出ることはない、つまり、鏡に到達することはないので、光速で飛ぶ自分の顔は鏡には映らないことになります。
でもそうなると、飛んでいる自分から光は止まって見えるはずです。でも、アインシュタインは、**「止まった光などありえないのではないか」**と悩んだのです。

ううむ……。

アインシュタインが悩んでいるあいだ，イギリスの物理学者**ジェームズ・マクスウェル**（1831～1879）によって，波だと思われていた光の正体が，実は電気と磁気が影響し合うことで発生する**電磁波**であることが発見されます。

このように，電気と磁気とは別物ではなく，相互に作用するものであるとする理論を**電磁気学**といいます。

電磁気学の登場によって，光とは，電場と磁場が相互に巻きつくように発生し，その連鎖が波のように進んでいくものであり，その進む速度も**秒速約30万キロメートル**であることが，計算により導きだされたのです。

光の正体や速度が明確になっていったんですね……。

そうなんです。そしてアインシュタインは，ガリレオの相対性原理に対し，「運動だけではなく，電気と磁気との関係を含むすべての物理法則が相対性原理を満たす」と考えました。

すなわち，**「等速直線運動をしている場所では，すべての物理法則が，静止している場所と同様に成り立つ」**としたのです。これをアインシュタインの特殊相対性原理といいます。

ガリレオの相対性原理を，アインシュタインがさらに広げたわけですか。

そうです。さて，アインシュタインの悩みについて話を戻しましょう。
「鏡を持ちながら光と同じ速さで動いたら，自分の顔は鏡に映るのだろうか？」という疑問から10年の歳月を経て，アインシュタインは**「光の速度で動いたら，鏡に顔が映る」**と結論づけました。

おお！　どうしてそう考えたんでしょう。

マクスウェルの電磁気学では，**真空の光の速度は「一定の値（定数）」**として導きだされています。
これを，みずからの特殊相対性原理で考えると，停止している人でも光速で進んでいる人でも，どんな状況でもこの理論は成り立つはずです。つまり，**「誰から見ても光の速度は同じになるはず」**なのです。

誰から見ても同じ？

はい。**「光速はどんな条件のもとでも，観測する場所の速さや光源の運動の速さには関係なく，常に秒速約30万キロメートルで一定である」**と考えたのです。

つまり，光の速度は，通常の足し算・引き算が成り立たないのです。どんな速度で光を追いかけようと光の速度は変わらず，秒速30万キロメートルに見えるのです。
アインシュタインはこのことを，**光速度不変の原理**としました。そしてこれを，科学の理論を考えるうえでの「大前提」としました。
この考えにもとづくと，「鏡を持ちながら光と同じ速さで動いても，自分の顔は鏡に映る」ことになります。

光は，動いてる場所から見ても止まっている場所から見ても変わらないってこと……？

その通りです。はじめに，「速度で重要な点は，同じ物体の運動でも，その速度は見る人の立場によってことなる」とお話ししました。しかし，この考え方は，この原理によってくつがえされたのです。

ポイント！

光速度不変の原理
……真空中の光の速度は，たがいに等速度運動をするすべての観測者から見て，観測者の速度によらず常に一定である。

1. 光源が静止しており、観測者も静止している場合

静止した宇宙船から光を発射

光

観測される光速の値
30万km/s

宇宙空間で静止した観測者

2. 光源が動いており、観測者が静止している場合

猛スピードで飛行する宇宙船から光を発射

光

観測される光速の値
30万km/s

宇宙空間で静止した観測者

3. 光源が静止しており、観測者が動いている場合

静止した宇宙船から光を発射

光

観測される光速の値
30万km/s

猛スピードで飛行する大型宇宙船で光を観測

4. 光源が動いており、観測者も動いている場合

猛スピードで飛行する宇宙船から光を発射

光

観測される光速の値
30万km/s

猛スピードで飛行する大型宇宙船で光を観測

3時間目 「原理」と「法則」で世界を知ろう！

等価原理 落下する箱の中では重力が消える！

エレベーターに乗っていると，エレベーターが急降下すると体がフワッと軽くなったように感じ，エレベーターが急上昇するとズシッと体に重みを感じませんか？

あります。ちょっと気分が悪くなったりしますよね。

この現象は，STEP1でお話しした**慣性の法則**で説明することができます。たとえばバスが急停車すると，バスとともに加速していた私たちの身体は前進を続けようとするため，誰にも押されていないのに，進行方向につんのめりますよね。また，走行中のバスの座席に座っているときにバスが加速すると，静止していた私たちの背中が座席に押しつけられる感じがします。これも，私たちの身体がバスの加速による影響を受けるからです。
このように，乗り物が加速するときに生じる力を**慣性力**といいます。

急加速中のバスの中

急ブレーキ中のバスの中

エレベーターも同じことで、加速して**慣性力**がはたらくから、フワッとしたりズシッと重みを感じたりするわけですね。

その通りです。加速しながら運動している場所から見ると（この場合はエレベーターの中）、加速の向きと逆向きに慣性力がかかります。
ですから、エレベーターが下向きに加速度運動をしているときは、上向きに慣性力があらわれるため、その分、下向きの重力が減って体がフワッと軽く感じられます。
一方、エレベーターが上向きに加速度運動をしているときは、下向きに慣性力があらわれるため、下向きの重力が増えて、体がズシッと重く感じられるわけです。

ふむふむ。

しかし，慣性力は，あくまでも加速度運動をしている乗り物の中の人に存在する力で，地上の人から見れば存在しない力ともいえます。つまり，ある人にはあるし，関係ない人にはない，**見かけの力**といえます。

そういわれればそうですね。

このような見かけの力の存在に対し，アインシュタインは，「物理の法則として美しくない」と考えたのです。そしてこれが，アインシュタインが相対性理論を考えはじめた動機となったのです。

美しくない〜!?

そうなんです。慣性力の正体を考えはじめたアインシュタインは，**「重力と加速度運動によって生じる慣性力は区別ができない（等価）」**という考えに至りました。
これを**等価原理**といいます。

等価原理？ どういう考え方なんだろう？

等価原理がどういう考えか見ていきましょう。
たとえば，無重力空間を上昇する宇宙船に乗っているとします。このとき，重力はないとしても，宇宙船が加速すれば慣性力が発生するので，見かけの重力を感じるはずです。

なるほど。ジェットコースターの急発進時にシートに背中が押しつけられるみたいに，ぱっと見は重力に見えるけど，実際は慣性力によって床に立ってる（押しつけられる）みたいな状態になるわけですね。

そうです。つまり，**慣性力と重力の見分けがつかない状態になるわけですね。**

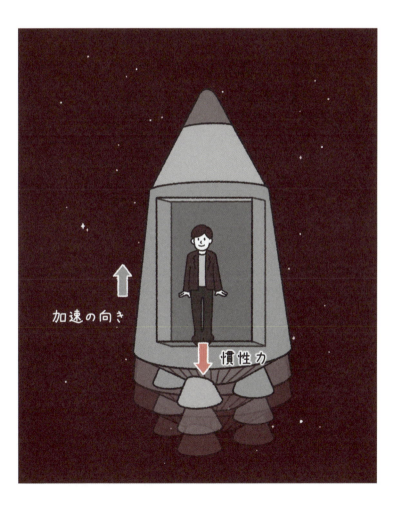

また，重力のある空間で，エレベーターが加速しながら降下するとします（自由落下）。すると，下向きに加速度運動をしているので上向きに慣性力があらわれます。そのため，重力の効果が相殺されて，エレベーターの中は無重量状態になります。つまり，**重力は，箱の中では消える，あるいは消すことができる**ということになります。

な，なるほど。そういうことですか……。

そして，「落下する箱の中では重力が消える」というこの考えは，一般相対性理論の重要な土台となっていったのです。

ポイント！

等価原理
　……慣性力と重力は区別することができない。

質量とエネルギーの等価性 世界で最も有名な式「$E = mc^2$」

 続いては，2時間目でもご紹介した，"世界で最も有名な数式" $E = mc^2$ について，あらためてご紹介しましょう。

 1キログラムの基準を決めるのにもかかわっていましたね。

 そうです。太陽は，水素とヘリウムが集まってできています。ヘリウムは化学反応では燃えませんが，水素は燃えて爆発し，熱や光を放ちます。しかし，もし太陽の光がすべて水素の燃焼によるものだとしたら，数万年で燃え尽きてしまうはずです。でも，太陽は誕生してから46億年もたっています。太陽が燃え続けていられるのはなぜでしょうか？

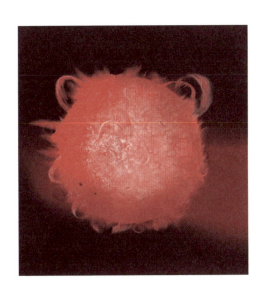

ええと，なぜでしょう。

 1905年，26歳のアインシュタインは，時間と空間についての新しい理論**特殊相対性理論**を発表しました。さらに，同じ年に特殊相対性理論から重要な法則を導きだしました。これが，「$E = mc^2$」です。

特殊相対性理論について，今回は詳細な説明はしませんが，この数式によって，これまで別物だとされてきたエネルギーと質量が本質的に同じものだということが明らかにされました。

さらに，エネルギーは質量に光速を2回掛け算したものであることもわかりました。

 そうでした，それがこの数式ということでしたね！

アルバート・アインシュタイン
(1879〜1955)

$E = mc^2$
E：エネルギー
m：物体の静止質量
c：真空中の光の速さ

エネルギーは，質量に光速を2回掛け算したもので，質量はエネルギーに換算することができる。

その通りです。また、この式は、**「質量とエネルギーは、たがいに入れかわることができる」**こともあらわしています。これによって、太陽が光り輝くメカニズムが明らかになりました。

太陽の中心部では、核融合反応によって、4個の水素が融合して1個のヘリウムになります。水素が融合するとき、水素の質量の一部が消え去り、それが膨大なエネルギーに置きかわっていたのです。

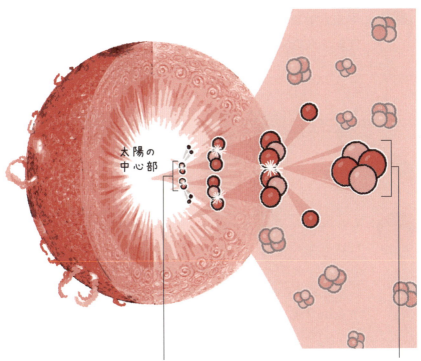

反応前…4個の水素原子核（陽子）　　反応後…1個のヘリウム原子核

このように，原子核どうしが合体することを**核融合反応**といい，核融合反応からは膨大なエネルギーが生まれます。つまり太陽は，中心部の核融合反応によるエネルギーによって現在まで輝き続け，さらに，計算上**約100億年**輝き続けられることがわかったのです。また，原子力発電でも太陽と同じように，核融合反応によってウラン原子核の質量の一部をエネルギーに変換することで電力を得ています。

原子力発電って，太陽のしくみと同じなんですね……。

そうです。たとえば，わずか1グラム，つまり0.001キログラムの質量の物質を，もしすべてエネルギーに変換できるとしたら，**$0.001 \times 3 \times 10^8 \times 3 \times 10^8 = 9 \times 10^{13}$（90兆）ジュール**と計算することができます。このエネルギー量は，日本の約88000世帯の1か月の電力消費をまかなえるくらいの量です。

すごい！

もちろん，「$E = mc^2$」は，太陽のメカニズムを説明するだけの法則ではありません。宇宙のはじまりでは，太陽の例とは逆に，エネルギーから質量をもつ物質が生じていると考えられているのです。
つまり，**「$E = mc^2$」は宇宙の根源にもせまる式なのです。**

「光速で進んだら，鏡に自分の顔は映るんだろうか？」という疑問は，宇宙の謎にせまる法則の発見につながっていったんですねえ……。

アインシュタイン方程式 太陽は時空を曲げている！

ケプラーの法則やニュートンの万有引力の法則によって，惑星の公転運動は説明が可能となりました。ところが，それらの法則をもってしても説明できない謎が，19世紀まで存在していました。

どんな謎だったんですか？

それは**水星の近日点移動**です。
太陽に最も近い惑星である水星は，ケプラーが明らかにした通り，楕円軌道をえがいて公転しています。しかし，楕円軌道の形は変わらないけれど，楕円の位置がずれることがわかったのです。
水星が軌道上で太陽に最も近づく点を**近日点**といいます。これが，100年あたり角度にして約0.16度※ずつずれるのです。このずれのうち約0.15度は，ニュートン力学の範囲内で，金星や地球，その他の惑星の重力の影響として説明できました。
ところが，残りの約0.01度のずれは，どうしても説明できなかったんです。

たった0.01度！
それぐらいは誤差じゃない？　って思ってしまいそうですけど……。

科学者の中には，まだ発見されていない未知の惑星があるせいではないか，と考える人もいました。

しかし，このわずか約0.01度のずれを正確に説明したのが，アインシュタインの**一般相対性理論**です。
彼が1915〜1916年に完成させたこの理論によれば，**「大きな質量をもつ星のまわりでは，時空（時間と空間）が曲がる」**というのです。

時間と空間が曲がるぅ！？

はい。つまり，**水星の軌道は，太陽の存在によって，"ずらされていた"**というわけです。
そして，一般相対性理論をあらわす**アインシュタイン方程式**を使うと，そのずれは100年あたりちょうど約0.01度になることが計算できたのです。

アインシュタインって，本当の本当に天才ですね……。

一般相対性理論の基本をなすアインシュタイン方程式は，おおまかには「時空」と「物質」の関係を意味します（次のページ）。
この式を使えば，物質のまわりでの時空の曲がり具合などが，具体的に計算できるのです。
イコールの左側にある $G_{\mu\nu}$（ジーミューニュー）は，「時空の曲がり具合」をあらわし，イコールの右側にある $T_{\mu\nu}$ は，「物質の質量やエネルギーの分布」をあらわします。κ（カッパ）は「重力定数」とよばれる決まった値で，$\Lambda g_{\mu\nu}$（ラムダジーミューニュー）の Λ は**宇宙項**とよばれます。

うわあ〜！ 全然何が何だかわかりませんが……。

> **ポイント！**
>
> アインシュタインの宇宙方程式
> $$G_{\mu\nu} + \Lambda g_{\mu\nu} = \kappa T_{\mu\nu}$$

3時間目 「原理」と「法則」で世界を知ろう！

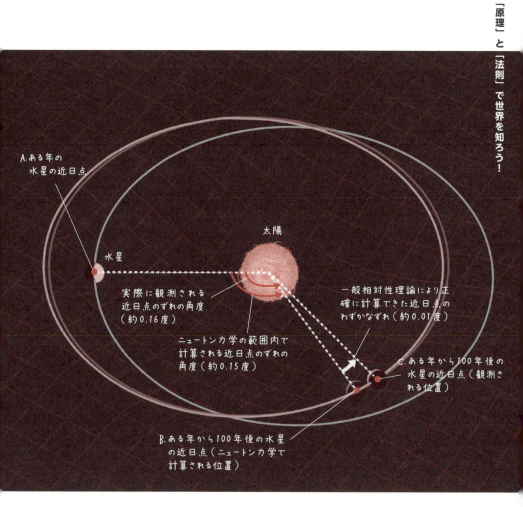

とても専門的な内容なので,ここでは,アインシュタインが時空の曲がりを計算によって割りだした,ということがわかれば大丈夫ですよ。

ちなみに,宇宙項とは,引力(重力)の効果を打ち消す**斥力**という,仮想的な力をあらわします。

発表当初の方程式に,アインシュタイン自身があとから追加したものなんです。

なぜアインシュタインは,あとになってからこの宇宙項を追加したんだろう?

実は,この方程式が発表されるまでに,宇宙に関するさまざまな新しい考えが提唱されたのです。その中には,ロシアの科学者**アレクサンドル・フリードマン**(1888〜1922)による「宇宙は収縮したり膨張したりする動的なものだ」とする説がありました。

アレクサンドル・フリードマン
(1888〜1922)

しかし、宇宙は静的なもので、決してその大きさは変わらないと考えていたアインシュタインは、その説に猛反対しました。そこで、「斥力」をあらわす宇宙項を強引に追加して宇宙が自身の重力の影響を受けないような理論にし、自身が考える静的な宇宙を実現したといわれています。

それで、実際の宇宙は静的なものなんですか？

いいえ、1929年、実際の宇宙は不変ではなく、膨張していることが発見されたのです。この結果を知ったアインシュタインはその後、**「生涯最大のあやまち」**として宇宙項を取り下げることになります。

天才アインシュタインもまちがえることがあるんですね。逆に、ちょっと安心しちゃいました。

ただし現代の天文学においては、斥力をあらわす宇宙項は、宇宙の加速膨張にかかわるものだという見方があります。
とにかく、アインシュタインの一般相対性理論の土台となるこの方程式は、水星のような惑星の動きだけではなく、星や銀河、あるいは宇宙そのもののふるまいや運動について、きわめて正確に説明することができるのです。

なるほど。一般相対性理論が、なぜ今も重要な法則と位置づけられているのか、その理由がよくわかりましたよ。

※：近日点のずれは、角度の単位の一つである「秒角」であらわすことが多いが、わかりやすさのために「度」に換算した。1度は3600秒角である。なお、100年あたりの水星の近日点のずれは約574秒角で、その他の惑星の影響として説明できた分は約531秒角、一般相対性理論によって計算できた分は約43秒角だ。

ハッブル-ルメートルの法則　遠くの銀河ほど速く遠ざかっている

最後に,宇宙空間に関する法則をご紹介しましょう。
かつて人々は,天の川銀河が宇宙のすべてだと考えていました。しかし実際には,天の川銀河の外にも無数の銀河が存在しています。そのことを発見したのが,アメリカの天文学者**エドウィン・ハッブル**(1889～1953)です。

エドウィン・ハッブル
(1889～1953)

ハッブルって,望遠鏡の名前にもなっていますね。

その通りです。さらにハッブルは遠くの銀河を調べることで,驚くべき発見をします。
ハッブル以前,アメリカの天文学者**ヴェスト・スライファー**(1875～1969)が銀河の運動を調べることで,地球から離れていく銀河が圧倒的に多いことを発見していました。

えっ,みんな離れていってしまうんですか？

ハッブルはそこからさらに、天の川銀河の外にあるたくさんの銀河を観測し、その色を記録したのです。
というのは、速く遠ざかる天体ほどより赤く見えるという性質があるからなのです。ハッブルはこれを利用して、次のような事実を明らかにしました。
「遠い銀河ほど、速い速度で遠ざかっている！」。

一部の銀河だけではなくてですか？

いいえ、特定の銀河だけではなく、遠くのあらゆる銀河は、天の川銀河から遠ざかっているのです。また、この発見の2年前に、ベルギーの科学者ジョルジュ・ルメートル（1894〜1966）も、同様の発見をしていました。

ジョルジュ・ルメートル
（1894〜1966）

さらに、銀河の遠ざかる速度（後退速度）は、地球からの距離に比例していることもわかりました。
つまり、銀河までの距離が2倍であれば遠ざかる速度も2倍、距離が3倍であれば速度も3倍になるという、比例関係にあったのです。
この関係性を、**ハッブル-ルメートルの法則**といいます[※]。

みんな離れていっているということですか? 一体どういうことでしょう?

実はこの法則は,宇宙が膨張していることを意味しているのです。

宇宙が膨張!?

たとえば,表面に複数のコインをはったゴムシートを全方向に引きのばすと,コインどうしは遠ざかりますね。また,距離の離れたコインどうしほど遠ざかる速度は速くなります。コインを銀河,ゴムシートを宇宙と考えると,宇宙全体が引きのばされることで,遠くの銀河ほど速く遠ざかって見えることを説明できます。

な,なるほど!

この法則によって,私たちは,宇宙全体は不変ではなく,膨脹していることを知ったのです。つまり**宇宙膨張の発見**です。

アインシュタインが信じていた「宇宙は静的なもの」という説は,これでハッキリとくつがえされたわけなんですね。

その通りです。
さて,基本的な単位のご紹介からはじまり,宇宙を解き明かすための法則までをご紹介したところで,「単位と法則」についてのお話はおしまいです。

注:1Mpc(メガパーセク)は約326万光年(約3×10^{19}キロメートル)。

> **ポイント!**
>
> ハッブルールメートルの法則
>
> $$v = H_0 \times r$$
>
> v：銀河の後退速度
> H_0：ハッブル定数（67.15 [km/(s・Mpc)]）
> r：銀河と地球の距離
>
> →遠くにある銀河ほど、速く地球から遠ざかっている

3時間目　「原理」と「法則」で世界を知ろう!

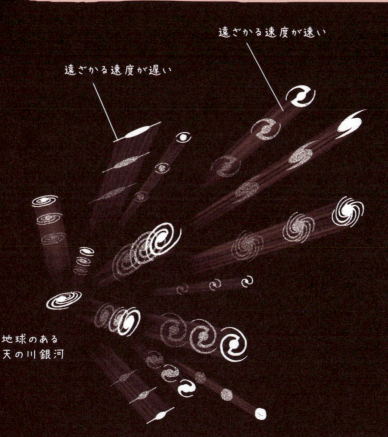

遠ざかる速度が遅い
遠ざかる速度が速い
地球のある天の川銀河

単位にここまで壮大なストーリーがあったなんて，考えたこともありませんでしたよ。

そうでしょう。最初は，人間の身体を使って物をはかることからはじまり，そこから世界共通の単位が制定されていきました。
さらに，物理学の研究による自然への認識の進歩とともに，単位どうしが基本単位系にまとまり整理され，あらたな物理法則法則の発見によって，その基本単位どうしの関係が生まれていきます。単位と法則が密接に絡み合いながら，自然界を解き明かしていくのですね。

単位どうしの関係を探ることで法則が発見されて，その法則が新たな単位の組み合わせを生む，という感じですね。単位のところでは，単位の基準がいかに普遍的なものにのっとるか，というところで，**身体**から**物理理論**に移り変わっていきましたよね。単位を定めるということは，普遍的なものとは何か，の探求の歴史でもあるんだなあと思いました。

そうですね。少し専門的ですが，素粒子物理では，MKSA単位系（m，kg，s，Aを使う単位系）ではなく，換算プランク定数$\hbar$＝光速c＝真空の誘電率ε_0＝1と規格化する「自然単位系」を使うことで，素粒子の世界で出てくるすべての量は，エネルギーの単位であらわします。単位の歴史からいうと，「人間が共有するのに便利な単位のまとまり」から発想を大転換して，「自然の成り立ちや変化の起源の究極的に普遍の物理法則」から単位系をまとめたものといえます。

発展

物理学でよく使われる単位系

・MKSA有理単位系

よく使われている単位系。メートル(M)、キログラム(K)、秒(S)、アンペア(A)の四つの単位を基本単位とする。

すべての物理量は、この四つの単位を使って、長さ(L)・質量(M)・時間(T)・電流(I)であらわすことができる!

$$L^{\alpha} M^{\beta} T^{\gamma} I^{\delta} \quad (\alpha, \beta, \gamma, \delta は指数)$$

・自然単位系

素粒子物理学では、$\hbar = c = 1$ とおき、すべての物理量をエネルギーの単位であらわす自然単位系が使われる。$\hbar$ はプランク定数 h を 2π で割ったもの($\hbar = 1.05457266 \times 10^{-34}$ [J・s])。c は光速 ($c = 299792458$ [m/s])。

エネルギー E を基本単位とすると、$\hbar$ と c を使って、

$$質量 = \frac{E}{c^2}, \quad 長さ = \frac{\hbar c}{E}, \quad 時間 = \frac{\hbar}{E},$$

$$エネルギー = E, \quad 運動量 = \frac{E}{c} \quad とあらわせる。$$

素粒子物理学の世界では、エネルギーの単位は「eV」が使われる。eV は、電子が 1V の電位差で加速されるときに得るエネルギー($eV = 1.602176634 \times 10^{-19}$ [J])。また、$\hbar = c = 1$ とおくと、先ほどの物理量は次のようにあらわせる。

$$質量 = MeV, \quad 長さ = \frac{1}{MeV}, \quad 時間 = \frac{1}{MeV},$$

$$エネルギー = MeV, \quad 運動量 = MeV$$

(MeV は 10^6 eV のこと)

このように、自然単位系ではすべてエネルギーの単位に統一できてしまう。自然単位系で求めた値を、MKSA単位系に換算するときは、$\hbar$ と c をかけて適当な単位にする。

現在，物理学では，相対性理論に続く最先端の物理理論である**超弦理論（超ひも理論）**の確立が目標となっています。この理論により物理法則が確立されれば，宇宙のはじまりから万物の存在や変化の起源を説明することができるかもしれません。そうなれば，超弦を特徴づける唯一の基本定数によって，現在使われている電子の質量や重力定数などがあらわされるようになります。われわれの親しんできた単位の体系もがらりと変わってしまうでしょう。

 うわあ〜。そうなんですか。
単位と法則をめぐる変遷に，ガリレオの地動説のような，人間の自然への見方や捉え方の転換や進化が秘められていたなんて……。発注ミスをきっかけに，単位の重要な役割と，法則との関係を学ぶことができました。
先生，本日は**ありがとうございました！**

3時間目 「原理」と「法則」で世界を知ろう!

索引

E〜S

$E=h\nu$ 62, 63
$E=mc^2$ 64, 281, 282
SI基本単位 39
SI接頭語 44

あ

アイザック・ニュートン
.... 103, 126-127, 161
アインシュタインの宇宙方程式
.... 286, 287
アボガドロ数 85
アボガドロ定数(NA) .. 88, 89
アボガドロの法則 ... 198, 199
アメデオ・アボガドロ 198
アリストテレス 156
アルキメデス 177
アルキメデスの原理 177, 179
アルバート・アインシュタイン
.... 268
アレクサンドル・フリードマン
.... 288

アレッサンドロ・ボルタ 225
アンドレ・アンペール 226
アンペア(A) 73, 79
アンペールの法則 228
一般相対性理論 268, 286
ウェーバ(Wb) 123, 124
宇宙項 286
運動の3法則 162
運動方程式 ....
    103, 105, 162, 168, 171
運動量保存の法則 .. 182, 186
エドウィン・ハッブル 290
エネルギー保存の法則
.... 110, 242, 247
エントロピー増大の法則
.... 248, 251
オーム(Ω) 118, 121
オームの法則
.... 120, 216, 219

か

角運動量保存の法則
.... 188, 189

画素(ピクセル) 140
カラット(car, ct) 144
ガリレオ・ガリレイ
.... 157, 206 - 207, 262
ガリレオの相対性原理
.... 265, 267
カロリー(cal) 108, 111
慣性の法則 162, 165, 167
カンデラ(cd) 90, 95
気象庁マグニチュード(Mj)
.... 132
逆2乗則 214
協定世界時(UTC) 71
屈折の法則(スネルの法則)
.... 192, 193
組立単位 42, 45, 96
クーロンの法則
.... 208, 211〜213
計量法 28
ケプラーの法則
.... 146, 260〜261
ケルビン卿 81
ケルビン(K) 81, 84

原子時計 69
原理 20
光速度不変の原理 274
光年 145, 150
光量子仮説 62, 63
国際アンペア 77
国際原子時(TAI) 71
国際単位系(SI) .... 39, 40 - 41
国際メートル原器 54
国際キログラム原器 35

さ

作用・反作用の法則
.... 162, 172, 176
ジェームズ・プレスコット・ジュール
.... 220, 246
ジェームズ・マクスウェル 272
磁気力 211
磁気力のクーロンの法則
.... 211
自然単位系 67, 295
ジャック・シャルル 81, 203

索引

シャルルの法則
.... 81, 203, 205
ジュール(J) 109, 111
ジュール熱 220
ジュールの法則 220
ジョルジュ・ルメートル 291
ジョン・アンブローズ・フレミング
.... 233
世界時(UT1) 71
絶対温度 81
絶対零度 81
接頭語 44, 45
相対性原理 262

た

単位 16
単位系 38
電気素量 78
電気抵抗 119
電子 75
電磁気学 272
電磁誘導の法則 238, 240

天文単位(au) 145, 150
等価原理 278, 280
特殊相対性理論 268, 273
度量衡法 28

な

二進法........................ 135,
ニュートン(N) 103, 104
ニュートン力学 161

は

バイト(byte) 135, 138
パスカル(Pa) 106, 107
ハッブル - ルメートルの法則
.... 291
反射の法則 192, 193
万有引力の法則 252, 256
パーセク(pc) 145, 150
光格子時計 69
ビット(bit) 135, 138
秒 70
物質量 85

プランク定数 36
フレミングの左手の法則
.... 231～233
分光視感効率................... 92
分離量........................... 24
ヘクトパスカル(hPa) 106
ヘルツ(Hz) 68,99
ボイル・シャルルの法則.... 204
ボイルの法則 203,205
法則............................. 20
ボルツマン定数 82
ボルト(V) 73,115,117

ま

マイケル・ファラデー 238
マグニチュード(M)
.... 128,129
マックス・プランク 61
右ねじの法則 226
メートル(m).................... 57
メートル法...................... 34
モル(mol)...................... 86

モーメントマグニチュード(Mw)
.... 132
誘導電流 238

や

ヨハネス・ケプラー 146
落体の法則 159,160
力学的エネルギーの法則
.... 245,247

ら

ルネ・デカルト................. 181
震度 128,129
連続量........................... 25
ロバート・ボイル............. 203
ローレンツ力.................. 235

わ

ワット(W)........ 73,112,113
ワット時(Wh) 113

シリーズ第**48**弾!!

やさしくわかる！
文系のための
東大の先生が教える

免疫と感染症

2024年11月上旬発売予定　A5判・304ページ　本体1650円(税込)

　私たちの身のまわりには，細菌やウイルスなど，さまざまな病原体がいます。それらから私たちの体を守るためのしくみが「免疫」です。免疫によって，体に侵入してくる病原体をやっつけることで，私たちは病気にならずに，元気でいられるのです。

　免疫にはたくさんの細胞がかかわっています。病原体を食べてしまうマクロファージ，病原体の情報をほかの免疫細胞に伝える樹状細胞，免疫の司令塔であるT細胞，そして病原体に特化した武器「抗体」をつくるB細胞―。これらの免疫細胞が"協力"しあうことで，病気にならずにすんだり，病気が治癒したりするのです。しかし一方で，免疫が過剰にはたらいてしまうことで，花粉症などのアレルギーが引きおこされることもあります。

　本書では，免疫のしくみとさまざまな感染症について，やさしく丁寧に紹介します。私たちの健康を考えるうえで欠かせない，免疫のしくみを基礎からよく理解できる1冊となっています。どうぞ免疫の驚くべき世界をお楽しみください！

🍎 **主な内容**

免疫って何？
病原体をやっつけろ！
ワクチンが免疫の解明につながった

体を守る免疫のしくみ
2段階の免疫システム
"免疫力"を上げよう！

免疫の不調がもたらす病気
「アレルギー」と「自己免疫疾患」
免疫にブレーキをかける「がん」

体を脅かす病原体
細胞に侵入して増殖するウイルス
脅威の致死率，エボラ出血熱

コロナ感染症と免疫
ウイルス表面の「スパイク」が感染の鍵
はじめて実証化されたRNAワクチン

Staff

Editorial Management	中村真哉
Editorial Staff	井上達彦，宮川万穂
Cover Design	田久保純子
Writer	小林直樹

Illustration

表紙カバー	松井久美		134~139	松井久美		229	羽田野乃花
表紙	松井久美		141~148	Newton Press		230	羽田野乃花
生徒と先生	松井久美		151	羽田野乃花			松井久美
4~11	羽田野乃花		153	松井久美		232~233	羽田野乃花
	松井久美		154	羽田野乃花		234~236	松井久美
13~52	松井久美		156~164	松井久美		237	羽田野乃花
53	羽田野乃花		167	松井久美		238~245	松井久美
54~70	松井久美		169~173	松井久美		249~254	羽田野乃花
72	羽田野乃花		174	松井久美		256~259	松井久美
	松井久美		176~184	松井久美		260~261	羽田野乃花
73	松井久美		186~189	松井久美		263~266	松井久美
74	羽田野乃花		190~191	松井久美		269	佐藤蘭名
76~79	松井久美		193	羽田野乃花		272~276	松井久美
82	羽田野乃花		195	羽田野乃花		277	羽田野乃花
86	松井久美			松井久美		279	松井久美
88	Newton Press50~75		197	羽田野乃花		281	Newton Press
90~96	松井久美		198	松井久美		282	松井久美
98~99	羽田野乃花		200~205	羽田野乃花		283	羽田野乃花
100~101	羽田野乃花		207~210	松井久美		287	Newton Press
	松井久美		212~213	羽田野乃花		288~291	松井久美
102~109	松井久美			松井久美		293	羽田野乃花
111	羽田野乃花		215	松井久美		297	松井久美
	松井久美		217~221	松井久美		302~303	羽田野乃花
113~127	松井久美		223	羽田野乃花			松井久美
131	羽田野乃花		225~228	松井久美			
133	Newton Press						

監修（敬称略）：
佐々木真人（東京大学准教授）

やさしくわかる！
文系のための 東大の先生が教える
単位と法則

2024年11月5日発行

発行人	松田洋太郎
編集人	中村真哉
発行所	株式会社 ニュートンプレス　〒112-0012 東京都文京区大塚3-11-6
	https://www.newtonpress.co.jp/
	電話　03-5940-2451

© Newton Press　2024　Printed in Japan
ISBN978-4-315-52860-2